U0359093

地方志災異資料叢刊

第二編

2

于春媚　賈貴榮　編

國家圖書館出版社

第二冊目録

眞如里志

洪復章纂

稿本

祥異

光緒七年辛巳閏七月初四日大風雨拔木冬無冰菜花開歲祲

八年壬午六月二十二日未時地震自東南向西北声如擂鼓前數日天寒甚有

著棉衣者

九年癸未七月二十七八日大風拔木歲祲九月起日入後紅光燭天至十

年三月止

十年甲申歲稔

十一年乙酉四月雨麥祲六月二十日大風七八月疫十月二十一日星隕起

更後至夜半止大小隕千數

十四年己丑七月初七日雨雹八月二十四日雨霜九月二十四日止棉大損歲

祲 白米每石四千二百文

二十六年三月初十日巳時晝晦作事以燭大雨雷電

宣統二年　月　望潮

乙卯年七月　日潮漬三日六月廿七日大雨一晝夜大風拔木

丁巳年三月十二夜大風十三日申時大雨雹大如雞卵酉時大

雨雹尤大旋月明

民國七年歲稔麥有秀兩歧者

【嘉慶】石岡廣福合志

（清）蕭魚會、趙稷思纂

清嘉慶十二年（1807）刻本

祥異

元

至元二年十月一都人告有二虎食人豚犬數為民害

有司移文萬戶府集衆捕之一爲流矢中目死其一咆哮夜號若尋偶者至黎明不復見韓志

明

嘉靖三十三年正月初三日倭賊刼殺蕭翔馬陸廣福等鎮至七日賊退三月無雨五月至七月地坼川竭十二月知縣楊旦徧詣一都六都等處有被倭災傷議韓志

國朝

順治五年戊子廣福降巨人長丈餘身首皆赤衆逐之二三里始滅程志

康熙十年歲祲知縣趙昕勸賑廣福設粥廠趙志

康熙二十三年甲子棉花大稔九月廣福有虎傷一民

一僧夜逸去　程志

（里人張宏詩）有虎有虎嘐之東非其土産來何從卽民驅逐恨無力閉門不敢窺腥風一方屏息眞英雄有虎有虎嘐之曲爪銛齒利攫人肉何事淋漓棄道旁苦爲無罪遭殺戮猶幸只鬧一家哭　國朝練音初集

雍正十年壬子七月海水大溢歲祲

乾隆二十年乙亥禾棉俱壞歲大祲　詔發賑明年春米石三千五百文

（里人趙丕烈詩）曠野花殘二月紅碧天無際盡哀鴻名流閒說開元盛斗米三錢四海同　雪攜齋詩集

乾隆二十六年辛巳五月馬陸塘南趙中行墓產紅芝

乾隆四十年乙未木棉大稔一畝有二百斤者每斤二十四文

乾隆五十年乙巳木棉稔夏大旱四十五日禾仍熟是歲它邑俱遭旱災米石五千二百文民多餓殍我里幸無恙

乾隆五十五年庚戌五月雨雹

[里人費葵詩]庚戌五月有四日晨曦初照漫天赤炎炎酷熱日方中汗下如雨流盈額忽聞聲自東北來轟轟烈烈皆疑雷濃雲驟合天垂墨陡然雨雹降奇變大如車輪小拳石破屋折棟穿牆壁擊水閃閃澎湃聲撼地躍起二三尺恍如海若湧怒潮銀濤雪浪翻青霄又如風伯吹萬竅飛沙走石恣狂飈自未至中雨漸足徧地崎嶇堆白玉雪海冰山未足多變天頓變嚴寒局更有奇聞練水東冰輪飛落碧池中出水丈餘還廿尺造化變幻何無窮遙看綠野漸漸麥萬馬蹂躪無粒獲行人額手血涔涔牛背折傷還裂

革是歲麥秋望有年卹卹賽社日喧闐誰知天降奇殃日正在歌臺奏管絃　雪煩詩艸

乾隆五十九年甲寅禾棉俱歉明年春知縣姚學甲賑粥夏大疫

嘉慶四年辛酉夏龍見於費家卹旋移而東狂飇驟起忽攝舟雲際墮成兩截水車騰空飛舞擲地而壞者不可勝計

嘉慶九年甲子春三月二十七日隕霜壞麥夏大水米石至四千八百文

邑人陳進士詩庭咏霜蟾殘一色詫雙扉萬頃黃雲穗已非青女姿偏迎夏降板橋蹟是送春歸共言三月房星見誰道中天殺氣飛楊柳陰中尋伴侶冰肌起粟欲添衣

嘉慶十年乙丑秋霖雨木棉歉收明年春嘉定知縣吳
公桓寶山知縣田公鈞勸捐賑錢米石岡戩濱橋廣
福俱設廠
是年冬廣福鎮太學生彭肇陛係明參政育裔投詞
請賑歷敘曾祖儒原祖汝珏于乾隆二十年因災助
賑迨六十年父日輝捐米董賑今復凶荒莫如仍給
以米不宜煮粥情詞悱惻寶邑尊田公可其議而嘉
定生員黃鐘等率先捐錢給發論者爲較米尤善云

【光緒】寶山縣志

(清)梁蒲貴、吴康壽修
(清)朱延射、潘履祥纂

清光緒八年(1882)學海書院刻本

祥異

明洪武五年壬子甘露降

景泰三年壬申冬大雪四十日始霽

天順五年辛巳七月大風雨平地潮湧丈餘沿海居民死者四千餘人

成化十七年辛丑歲大祲

宏治七年甲寅潮溢平地水五尺民多溺死

八年乙卯五月水歲祲

十一年戊午六月十一日申刻水湧邑中河渠池沼井泉皆震盪湧起三尺移時乃定

正德二年丁卯麥秀三歧南鄉民揚幾獻百穗於郡守

四年己巳夏地震海水沸七月大雨初六日起凡五晝夜平地水丈餘歲祲

五年庚午四月大疫橫屍塡河不可以舟秋大雨歲祲

十五年庚辰十二月木冰

嘉靖元年壬午七月二十五日大風雨壞民廬舍壓溺死者無算歲大祲

三年甲申十月十六日大雷雨龍壞民廬有兄弟三家聯居中為兄室兄素不友是日人廬悉飄去左右無損

七年戊子旱歲祲

八年己丑六月蝗

十五年丙申霪雨自四月至六月

十八年己亥颶風海嘯水湧二丈人廬漂沒無算歲大祲民大疫

二十二年癸卯大旱無禾

二十三年甲辰大旱無禾石米一兩八錢

二十四年乙巳大旱疫

二十八年己酉大旱

二十九年庚戌六月十三日龍鬭於眞如

三十二年癸丑三月十五日倭寇寶山是日赤虹抱日

三十三年甲寅三月地震生白毛長三尺 大旱四月至七月 七月十二日怪風壞棉禾

知縣楊旦懇免災傷議地方遭倭寇久被禍最深初意以爲一縣之内被倭之地雖多而猶幸有不經倭者在也被倭之地雖盡荒蕪焚掠已久而猶幸有不經倭者室廬猶存豐稔可望也詎意天未悔禍民生不辰七月十二日異常怪風自古所無沙石飛揚禾木偃拔本縣斷藝止是棉豈其根蒂盡脫苓毯盡落幹葉雖存毫髮無用不經倭者如是其被倭者又何望焉卑職親詣各鄉周行境内查得被倭數區茁賊在吳淞則屯劫於沿海賊往上海則流劫於沿江數區之中無一圖不到數圖之中無一戶不到督麥棄於田而未收新秧老於田而未種青蒿白骨盈偏於郊原頗壁短墻錯出於廬舍言之傷心覩之慘目雖倭退之後間有種植農時已違物生無力而況繼之以異常風水乎故他縣之遺倭者僅止數日未有如本縣爲倭寇出入往來之路受禍最久且深者也他縣之遺風種他稻禾風

不能損俱稱有年未有如本縣棉荳獨畏風水全無收穫者也百姓之口食且無望而況責其完納稅糧乎今年之稅糧且無望而況誅求百出并前數年者而並取之乎故被倭又被風者其災十分不惟全免稅糧宜速加賑濟被風不被寇者其災九分不敢過求賑濟必須全免稅糧其江東之八都黃姚之二十四都則久爲寇巢田無寸土成熟民無一人見存災傷不止於十分覬望不止於蠲恤蓋必號召招徠還定安集三年之後寇息時平而後可以徐議常賦也

三十四年乙卯四月十八日江東黃家港水赤色如血逾月始復故十一月雨豆色微紅味辛類赤豆而小閏十一月地震

三十八年己未旱歲大祲米石一兩八錢

四十年辛酉霪雨四月至十月歲大祲

四十一年壬戌大水疫

四十四年乙丑颶風

隆慶二年戊辰元旦大風晝晦

三年己巳海溢歲祲

六年壬申六月大風雨一黑龍見於北郊鱗甲肯露壞民廬舍俄而溝洫盡涸

萬曆三年乙亥大水疫

七年己卯七月颶風民大疫

十年壬午七月颶風海濱人廬漂没無算歲大祲

十一年癸未正月民大疫

十三年乙酉颶風海溢

十五年丁亥正月水冰五月大雨無麥秋颶風無禾

十六年戊子春霪雨夏秋大旱疫死者相枕藉時斗麥百錢石米一兩八錢

十七年己丑夏秋大旱四月至八月不雨棉禾不能下種歲大祲

十九年辛卯七月十八日海溢水高一丈四五尺淹死無算十九日民訛言訛傳倭至城門晝閉民爭竄至相蹈藉死

二十一年癸巳大水

二十四年丙申大水歲祲棉花畝不及半觔

二十七年己亥棉花大稔一株有收二十兩者

二十八年庚子九月地震自西南至東北

三十年壬寅邑南鄙民田麥秀兩歧

三十一年癸卯大稔棉花最者畝可四百觔

三十二年甲辰十一月九日地震有聲自西北至東北

三十六年戊申夏大水四月至五月大雨四十七日平地成河行船者無河道可循二麥俱爛

三十七年己酉五月大疫八月大水

三十九年辛亥大水

唐時升上巡撫周孔教書畧天降霪雨萬姓爲魚始者猶冀高阜之鄉可得半收今則處處化爲巨浸矣五月中猶冀水退之後可種菜麥爲來歲農事資本今則海潮挾雨益加橫盈不惟今秋無望來春耕作亦蕩然無以爲藉矣天災流行三吳所共而嘉定素稱瘠土所種木棉尤不宜於水潦故受害爲獨甚日前之勢急在賑濟敝邑地不產米民間無三日之儲商船旦暮不至則持錢入市空手而歸況庾廩積穀僅以千計非若他縣有業可發也議者欲點派大戶出糴境外某謂不然大戶雖冒殷富之名未必果有餘資且生平不習貿易之事方今所在禁糴彼將何從措手計惟挪移庫銀差佐貳官一員擇居民曉事者隨之以往則荊襄之粟可致也議者又欲將河下所到米船逐日報官平價發行某謂不然當此河流泛濫盜賊縱橫其閱歷艱險而至者推利之所在耳倘以號令束之彼必相戒不來而境內愈困矣更須高其價以收之則四方之市販者聞風必集粟多則價自不昂而嗷嗷之眾庶幾其有瘳也既賑之後又將乞蠲然止蠲從前之宿逋則有蠲之名而無其實必將本年錢糧酌議何項暫停何項全赦而後蠲一分得沾一分之賜是在台臺主持之而已

四十年壬子歲祲

四十六年戊午夏黃姚港蟹穴流血

四十八年庚申歲祲米石一兩八錢嗣後無歲不貴

天啟三年癸亥三月十三日地大震十六日復震生白毛十

二月二十一日復大震自西北至東南聲如雷

四年甲子五月霪雨龍見江灣鱗甲頭角俱露

六年丙寅七月朔大風雨海溢凡兩晝夜歲大祲

崇禎元年戊辰冬至前一日龍見於東海凡數十

二年己巳正月四日龍見於東海夏秋大水六月三日七月二日八月一日三次海溢人畜漂溺

三年庚午春民饑米麥豆價俱貴棉布踴躍民多食糠粃

十一年戊寅旱蝗

十四年辛巳正月六日大雷電雨夏秋大旱蝗歲大祲四月至七月不雨飛蝗蔽天積數寸厚已又生五色蟲狀如蠶覩人若怒擬之觸手皆斕食苗棉葉殆盡冬米價湧貴

十五年壬午春民大饑大疫時米石銀五兩麥二兩人食樸樕及榆皮草根至剖將死人肉爲食知縣倪長玕捐俸賑之民少甦

邑人嚴衍巳午歎

嘉土本漏沙朝夕便涸稻既不堪栽麥豆亦纖薄吉貝僅相宜又患颶作虐何渠若衣帶行潦相仲伯一潮一汐問沙積厚兩擇廿年不開浚渦港兒能羅戊寅至庚辰三載苦嘆爆何意歲辛巳天翻羽更掭春夏及秋深黙雨不曾落怪魃眼開頂妖蟻火生角蝗既嗜禾黍蝎亦咀豆藿百蟲橫歎人甚於猛獸攫斗米二升錢匹布兩園棉糠秕爲盛饌榆皮當精饈一雜換一婦更索錢五百白叟橫道擠黃童填深壑民生在此時何異魚入錢盼盼一陽回萬物欣有託東解草木蘇芽蘗堪採剝哀哉壬午春疫癘又大作飢魂易染邪虛腹難棲魄餓鬼愛馨香逢人便饞胃吐火煎肺腸嘘冰瘃股腳刺心恣萬刃鑽骨攢千猾宦子饒肥扦芳尊奉鸕杓有錢可使鬼何怕

魔和詭貎兒態滿塵烏能具杯酌盡室畢歸陰何論老與弱始知隸背情人鬼一般惡空庭魅嘯梁夜雨魂啼閣陰遺書悔冥人少夏淒索黃昏日落時鬼與人相搏天道何爲然言之可嘆傍幸得使君來療此一方療非能給參苓善政卽良藥非能肉白骨仁心卽天澤折兒事紛張公意慘不樂委曲費調停夜唾何曾著選賢赴神京拜疏通宸幄至誠動天聽鳳尾已書諾當軸反區臨方圓謬枘鑿居上一言違百喙羣來啄誰能定其紛張生字子石一臂挽千鈞萬牛爲之却父老呫所眠兒童沽酒噱磬鳴既衎衎屏風亦獄獄能立百世勳何斷衆口藝所嘆人心危謗玉爲鼠璞既飲倡水儒既發悵火灼忘却無邊恩揑作烏有錯荊棘妬蕙蘭鴟梟罵鸞鶴人事固如此一笑付寥廓愚作已午嘆播公救民鐸兼亦僚世變埋天在天坍霜雪愈侵凌松柏彌堅確不遇盤錯處何以表幹罯臨聖望望然柳公由由若君子居斯時委蛇道更卓此衷既無愧披嚮任人摸

國朝順治四年丁亥歲大祲石米五兩

八年辛卯二月十八日雷雨晝晦行者以火夏大水民飢

十一年甲午五月旱六月二十一日大風雨海溢平地水深丈餘官民

廬舍悉傾沿海人民溺死無算

十四年丁酉六月四日大雷雨

十五年戊戌八月風雨兩晝夜平地水深二尺二十二日地震

十六年己亥正月龍見霪雨六十日方霽

十八年辛丑正月龍見二月霪雨夏秋大旱五月至七月秋無禾

康熙三年甲辰旱七月二十九日海大溢五晝夜不退人廬漂没

四年乙巳春民大飢海溢水高五六尺歲大祲

九年庚戌五月霪雨水溢田疇盡没七月颶風歲祲

十年辛亥夏秋大旱禾盡槁至八月二十四日始雨九月二十七日大風雨

綿花鈴盡腐

十一年壬子七月大雨雹八月地震

十三年甲寅六月十七日怪風十月霪雨

陸隴其田家行誰云田家苦田家亦可娛上年雖遭水禾黍多荒蕪今年小麥熟婦子儘足哺所糴欠官錢日下便當輸昨夜府檄下兵餉尚未敷里長驚相告少緩自速辜不怕長吏庭鞭韃傷肌膚但恐上官怒謂我縣令懦傷肯猶且可令懦當改圖陽春變雜雪爾悔不遲乎急往富家問倍息猶勝無田中青青麥已是他人租悃說朝廷上方問民苦榮貢賦有常經誰敢吝且吁不願讓錫免但願緩追呼

十六年丁巳正月朔雷震自四鼓達旦 五月三日雨冰歲稔

十七年戊午五月三日雪夏大旱歲祲

十八年己未八月蝗歲祲

吳屯侯愁蝗篇江北常苦旱江南常苦水旱久多生蝗水邦幸無此異哉天地心水旱近偏施去年齊魏間淫雨廢耕相哭越今又旱黍不稿將死螣㙈起飛埃草木漸焦毀天斗粟珍璐與束薪貴蘭芷烝黎痛欲呼蟳蚪出腑臍矣天叩雖遼仁澤被螻蟻生民尚幾何蠲害亦應已胡為降異物流毒偏千里被江先潤州漸及莫可紀來如風雨聲少

集盜丈起野田無遺留根葉盡翦毀猛健類禽鳥飛蟲豈堪比所至不畏人紛紛撲頭耳世無姚元崇欽手誰敢指生平聞蝗名形體未嘗親見之怖欲狂舌咋不能止擬狀訴上官請郡苦復爾哀詞疊如山棄置等故紙皇皇計何施號泣更長跪再拜告汝蝗兇殘不可恃東南財賦區上下相賴倚連年歲不登閭巷半離徙届茲秋成期州邑無停筵請君觀所存豈足供汝齒

下民雖有愆當體聖天子

十九年庚申春民饑石米二兩七錢夏秋霪雨損棉豆大疫

二十三年甲子棉花大稔

三十年癸酉夏大旱涸淶祁歲祲

讀賀厓水行樹頭銅鉦紅欲燒高低隴畝盡灰窰火星無端霆五朔三時雨斷海縮潮老牛蹄穿鐵礦鎔銷田溝涸坼草根焦何由銀漢翻九霄下注大地激枯苗悲風索索日夕催胡爲夏令行秋時驚塵遠近昏若霧黎民憂旱適憂飢撥水不敢力不支心肉剜盡瘡難醫嗟嗟命懸一線繫着天蒼天抑不知

三十三年甲戌夏大水秋旱螟歲祲

三十四年乙亥春夏霪雨無麥歲祲

三十五年丙子六月朔颶風海濱平地水一丈四五尺廬舍漂沒殆盡溺死一萬七千餘人

歲大祲冬疫

三十六年丁丑春夏大疫死者枕藉

三十八年己卯八月二十日雨絮如棉花衣大者形如蝶

四十一年壬午五月海溢

四十四年乙酉七月颶風歲大祲

四十五年丙戌春大飢秋有年

四十六年丁亥夏大旱秋水歲大祲石米二兩

四十七年戊子夏霪雨四月十日至五月十七日五月十七日地震自西至東聲如雷無麥米石二兩三錢

邑人蔡黄裳詩饑民載道奔如蟻去入城中領官米皇
恩浩蕩昔未逢現潛罷截賑哀鴻哀鴻嗷嗷冀一飽米未發
倉糧先發票歸家執票相對泣恐塡溝壑不得食東家
老翁更欷歔無食無兒常苦饑縣胥里正各需勒繳難得
入饑民冊可憐生來體素豐皮肉銷盡骨
幹雄昨朝點視遭官罵不得將名饑冊掛

四十八年己丑夏疫

五十四年乙未春夏霪雨七月二日颶風歲祲

五十六年丁酉禾稔十月三十日地震

五十七年戊戌七月二十日颶風八月雨歲祲

六十年辛丑夏秋大旱河涸歲祲

六十一年壬寅二月十二日一日三潮二麥大稔夏大旱米石二兩

雍正元年癸卯秋大旱石米一兩九錢

二年甲辰春民飢七月螟螣十八日颶風海濱人廬漂沒歲祲

三年乙巳春夏民飢石米二兩三錢八月七都禾秀三穗棉一蒂三花

四年丙午八月霪雨冬大水穀腐不可穫

六年戊申麥稔八月螟

十年壬子七月十四日龍見十六日颶風海大溢平地水高丈餘城內官署民房皆傾溺死無算十八日風雨始息水數日乃退連陰二旬禾棉浥爛

沈凝潮漲行戀吁戲寶山之民何爲罹此厄歲逢壬子七月十六日秋風吹狂瀾衝激海塘圻汪洋瀰漫傾刻間平地水高數十尺垣頹城圮廬舍傾城內祇見屋浮脊郊原空濶縱急流只聞水底人聲時啞啞自戌至巳洪濤遙拍天登高放眼百里無炊煙瀕海新分一縣民數莫計半爲魚鱉眞可憐午後勢漸殺號呼痛哭聲一派蓬頭垢面衣不完舉止如狂色如癡老弱少壯互追尋蹤跡全無但長嘂默默向蒼穹哀哀乖竭涸寶山之民何爲罹此厄生憑無

數頁可惜幾家舊縣居同里忽兩滿門枉移徙傳聞新縣易得錢舍舊圖新疾於駛誰知利未取害焉身便死茫茫澤國浩浩無涯隨風蕩漾浮屍如麻沈魂不知處何日得還家寶山之民何為罹此厄側身東望長太息

〔朱鼎紀災詩〕如雲禾稼可無飢不道漼殘在一時雨似瓢翻思古語潮如山立到今知蛙蝦作伴同雞犬墻屋隨風逐荇飄壬子戊申庚子日他年記取是兵詞

十一年癸丑春民大饑初食荳餅糠粃旋及樹皮草根折屋鬻妻子乞食他邑者不可勝計夏麥稔民大疫

十二年甲寅歲大稔

乾隆元年丙辰歲大稔

三年戊午八月十六日大風雨海溢賴土塘捍禦無害

四年己未歲大稔

五年庚申歲大稔

六年辛酉七月十八九日大風雨海溢土塘捍禦田廬無害

八年癸亥歲大稔

十年乙丑無棉

十一年丙寅棉稔

十二年丁卯七月十四日颶風海溢練祁土塘毀田廬歲祲漂沒溺死甚衆

楊以聲詩颶風蹴浪海堤奔一瀉洪濤萬屋傾呼吸死生人似夢模糊陵谷鬼猶驚竈沉水底青煙絕尸積塘坳白骨橫十五年來逢兩厄九重保障最關情

十四年己巳九月大疫冬至後方息

十五年庚午棉大稔疫

十七年壬申四月六日地震歲稔冬嚴寒

十八年癸酉麥稔夏旱秋螟螣

二十年乙亥歲大祲米石五兩

嘉定趙丕烈詩曠野花殘二月紅碧天無際盡哀鴻名流鬧說開元盛斗米三錢四海同

二十一年丙子春大疫歲祲石米五兩

二十三年戊寅七月螟

二十四年己卯歲大祲

二十五年庚辰棉大稔

二十六年辛巳四月霪雨至小暑節止棉花重種十二月奇寒牛羊凍死

三十年乙酉夏大旱黃梅無點雨無晚禾

三十四年己丑八月霪雨無棉

三十五年庚寅七月颶風田中水尺許

三十六年辛卯七月四日颶風海溢龍鬬於東北海塘水高田禾二尺歲祲

四十年乙未歲稔

四十一年丙申七月二十一日海溢無禾棉

四十二年丁酉夏霪雨六七月秋冬大疫

四十四年己亥正月朔龍見三日雷震三月霪雨無麥石米六兩

四十五年庚子歲大稔

四十六年辛丑六月十八日颶風潮傾土塘五六處折木毀廬有溺死者歲大祲

四十七年壬寅春旱八月三日龍風毀學宮及海神廟民廬亦壞無禾棉石米二千五百文

四十九年甲辰春疫夏秋多風雨海潮溢歲祲

五十年乙巳夏大旱冬疫石米七兩二錢

五十一年丙午春大疫六月大雨損棉歲祲

五十二年丁未七月大雨經四晝夜田中積水五六尺

五十四年己酉六月十八日颶風海溢七月二日十五日亦如之無棉歲祲

五十五年庚戌五月大雨雹六月十五日颶風海溢七月一日亦如之無棉石米四兩歲大祲

五十六年辛亥颶風海溢七月一日十五日八月一日三次潮溢無棉石米五兩

五十七年壬子七月十日大雨花鈴盡腐禾損石米三兩三錢

五十九年甲寅七月七日颶風拔木壞垣八月霪雨十日方止歲大祲人食糠粃樹皮餓殍塞道冬嚴寒

嘉慶二年丁巳五月四日大風雨

四年己未七月三日颶風（攝舟雲際墮成兩截水車騰空飛舞擲地壞者不可勝計）海潮溢（平地水高四五尺土塘傾圮）

九年甲子三月隕霜損麥夏大水

十年乙丑閏六月三日颶風海溢秋霪雨

十九年甲戌旱歲祲

邑人王日翰憂旱樂府四章

踏車謠

夏雨足水車堆滿屋夏若乾水車轆轆飛鳴湍踏車聲逐歌聲長炙膚皴足愁驕陽低田有水高田圻爾望稻苗未盈尺

〔擔水去〕

擔水大朝馳巷逐來通衢天然生得好肩背廿濟可博千青蚨嗟爾擔夫良作苦食力原知非過取可憐編戶盡哀鴻勻水沾濡亦無補鳴呼安得問雲作雨四野數使爾潤澤重昭蘇擠夫踏躅何篤乎

〔開壩行〕

炎風六月吹黃埃田畸高下委蒿萊近海編夫苦尤甚土壩一夕千夫開稻倒汨汨勢無極從此長官禁不得止防蓄水古有經爲民牧者司其職吁塞乎早潮晚汐無時休旱潑悉係蒼生憂孰使閭民爲魚爲鼈兼爲鳩

〔求估懷〕

襄陽估客到江南舳艫銜尾迷江潭就中白粲色如玉販賣往往來行擔頰日

炎威赤杲杲水涸斷却毘陵道從兹米價苦遂賒糶載惟
恐一輛車車轆轆人僕僕陸行怎比川行速大估常贏小
估贏

二十一年丙子地生白毛

道光元年辛巳夏秋大疫人瓜茄生白眥無食者

二年壬午秋大疫

三年癸未五月霪雨歷十晝夜平地積水數尺鄉人乘小舟入市歲大祲

十一年辛卯七月二十八日颶風海溢歲祲

十二年壬辰歲祲

十三年癸巳歲祲

十五年乙未六月十四日颶風海溢衝坍江東西海塘五千餘丈溺死甚衆七月二日亦如之

十八年戊戌十二月晦大雷電雨至明年元旦大雨竟日

十九年己亥春霪雨歲稔

二十一年辛丑十一月大雨雪高二三尺

二十四年甲辰歲稔石米二千七百文十月二十三日地震

二十五年乙巳夏秋旱九月霪雨冬嚴寒冰厚尺許自冬至至立春後方解

二十六年丙午春霪雨六月十三日地震有聲如雷刻餘始定

二十七年丁未十月五日地震歲稔石米二千七百文

二十八年戊申六月二十日颶風海溢七月十八日亦如之

二十九年己酉夏霪雨四月至六月歲大祲石米五千六百文

〔張朝桂己酉水災途中書所見〕我昨獨舟來吳淞五日方至婁門東望波浩淼二百里水際未盡目已窮西逝具區東追海勞勞欲與天河通中途又值風颶作狒飈猛雨吼長空愁雲黯地天色慘似鬬渾沌初鴻濛噴波吐霧無已

哮誰驅水怪誅逆龍平陸蜿蜒臥水底跨岸往往失長虹玉山撐空勢突兀貼水穩插青芙蓉金焦洞庭嗟爾爾不然乃是蓬萊峯樓臺城市縹緲間儼若蜃氣噓空濛帆檣出沒無障礙不知卻在川腰中把花時時處傾覆欺儔篠浪隨狂風浮柁泊屍慘無數與波上下相磨衝林莽依稀露枝葉搖曳水面如萍蓬竹木凋零松檜仆何況禾家生何從水中有時見爐舍牆壁傾倒攄濤瀧豈狀累凡計無出米柴鍪蓋愁殘甕居民未死半偃臥拳縮宛似雞棄翁頭蓬面垢兩脚赤脛裸濕爛成瘡臏兒號妻啼不可忍天若弗問犬應聲沈蘇倘比堯九年下民昏墊將無同對此不覺肝膽裂愧無寸柄施歲功即今亦自有禹稷誰將飢溺關心胸茆檐抵掌歎無補何當持此悶　九重

咸豐二年壬子十一月六日地震

三年癸丑三月七日地連震數日四月地生毛七月二十四日颶風海溢九月天雨小豆歲祲

四年甲寅歲稔冬水涸（立冬後七十日無雨）

五年乙卯歲大稔

六年丙辰夏秋大旱四月至八月始雨蝗

七年丁巳八月十八九日颶風

八年戊午歲稔

九年己未冬大雹

十年庚申三月大雪

十一年辛酉十二月二十八日大雪積五六尺

同治元年壬戌正月六日木氷又曰霧淞按字林寒氣結木如珠見晛乃消齊魯謂之霧淞主年豐

三年甲子六月十日大風拔木

七年戊辰五月二十九日夜大風雨拔木田廬積水數尺歲祲

九年庚午歲稔

十一年壬申八月十九日地震

光緒元年乙亥七月十八日大雨八月二日大雨竟晝夜平地水深數尺禾棉浥爛歲大祲

二年丙子六月月浦南氷雹

三年丁丑二月六日江灣氷雹大風雨屋瓦皆飛至有厝棺翻移者五月二十三日大風雨拔木六月十二日龍風東北城垣傾數丈冬大雪嚴寒河氷徹底草木皆死明年春始解凍歲祲

五年己卯三月十三日地震夏大旱

軼事

宋嘉祐間顧逕港海口有一船桅折風飄泊岸船中三十餘人衣冠如唐人繫紅鞓角帶短皂衫見人皆慟哭語言莫辨

【民國】寶山縣續志

張充高等修　錢淦、袁希濤纂

民國十年（1921）鉛印本

寶山縣續志卷十七

雜志 祥異 占候 軼事

自近世天文物理日益發明昔之所謂祥異者無不可以學理推測占候經驗其用亦鮮然石言星隕書於春秋好雨好風著於洪範先民之說或亦信而有徵似不容遽廢若夫名人軼事禍福因果父老相傳攸關懲勸凡茲數類比附紀載以殿全書志雜志第十七

祥異

光緒六年庚辰歲稔春三月五日白虹長亘天冬旱溝涸

七年辛巳夏六月彗星見東北閏七月四日大風雨先是六月二十日大風歷兩晝夜而息茲復風雨並至拔木壞屋棉稻盡損冬十月虹見十二月無冰歲大祲

八年壬午夏六月十七日颶風連數日不息涼如深秋多御棉衣二十二日申初地震秋八月彗星見東方

九年癸未夏四月二十日戌刻白虹亘天秋七月二十七日大風雨歷二日而息禾棉損淹江浙同時告災沿海尤重冬十月朔日晡後紅光燭天入春始已

十年甲申歲稔米價甚賤每斗二百二十文秋七月地生毛出土約長五分色黑土中根色白

十一年乙酉夏四月霪雨歷二十餘日不開蠶豆麥俱損六月二十日颶風拔木壞屋秋疫冬十一月二十一日夜分有星隕於東北如雨

十四年戊子歲大稔夏六月彗星見東方

十五年己丑秋大霪雨歲饑陰雨歷四十有五日棉稻均腐爛八月十四日下午地微震冬十二月七日子刻又震

十六年庚寅夏大疫流行霍亂症俗稱癟螺痧染者多猝不及數棺肆爲空

十七年辛卯夏五月地生毛秋九月彗星見西南旬餘而隱

十八年壬辰夏秋旱冬奇寒浦港堅冰經旬不解是歲饑

十九年癸巳春三月大雨雹隨風自西北來大者如拳

二十年甲午秋八月田中見黑粒如米色黑而堅碎之如炭煮之微有黏性不能成飯相傳[illegible]爲天所[illegible]夜雨

二十一年乙未春正月二十二日戌刻地震有聲如鐘鳴由東向西二月十八日大雪歷兩晝夜始息豆麥俱損夏六月四日酉刻月掩金星金星軌道在水星與地球之間自地球望之最明是日與月交會歷時三十二分始復見

二十四年戊戌田中復見黑粒如米秋七月三日子刻天空有聲如鼓是夜雷電以風開霽後空中猶聞轟隆之聲俗稱天鼓是月黑虹再見初四夜子刻自西亘東初

八日卯時又自西南亘東北冬十月十一日白虹見十一月九日又見均於夜分

見東南是歲米始騰貴每石至七千文

二十六年庚子春三月十日巳初晝晦如墨作事以燭至午初大雷雨始復開朗夏

六月地中有聲初十十一十二等日亥子之交聲如鬼嘯俗稱爲地慫凡聚雞之家皆傳言羽毛爲邪術所竊

是歲拳匪起於京津秋七月地生毛九月朔彗星見東南

二十七年辛丑秋八月十六日酉刻白虹貫月九月十六日申刻

白虹貫日

二十八年壬寅夏五月二十七日戌刻黑虹長亘天秋七月十五

日辰刻白虹貫日

二十九年癸卯夏秋旱多疫染者多發紅痧不能透洩者輒死冬十二月二十八

日白虹夜見

三十年甲辰春正月三日黑虹夜見冬十二月十二日丑初白虹貫月十五夜大雨聞雷

三十一年乙巳秋八月三日申刻天色昏黃入夜大風雨潮暴漲各沙災江海尋常潮最爲五英尺至六英尺即七八月大汛亦無有溢十英尺者是夜高至十八英尺六寸爲近百年來所未有本邑瀕海城鎮網塘身較高未遭巨浸其南段卑窪處水已溢入而各沙則隄防苟簡悉被潮淹田廬人畜漂亡無算誠鮮有之巨災也是歲大祲

三十三年丁未夏六月十五日日出日哺皆白虹貫之二十日彗星見東北

三十四年戊申夏六月二十四日彗星見東方冬十月白虹再見二十四五兩日均於卯正日出時直貫旭光

宣統元年己酉冬十一月二十七日亥刻地震

三年辛亥夏六月彗星見東南閏六月十六日夜大風雨海溢各沙災（時值大汛潮溢圩隄幸陸漲即退漂亡不若乙巳之甚而棉稻已悉遭損折）是歲饑（米益踊貴每石達銀十元以上）

民國三年冬十二月桃李華（是歲陰歷孟冬仲冬兩月溫暖如春果樹都著花入土花子亦萌芽）

四年秋七月二十八日大風雨（閱三日而息近海民廬多損破棉稻尤損）八月滬港潮清（境內各河湖清凡三日眞如桃樹浦尤澄澈見底）冬十一月二日酉刻地震是歲大祲

五年冬十二月奇寒（華氏表降至三十度以下河冰厚至尺許翌年二月始解）

六年夏五月三日大雨雹（大者如拳屋瓦爲之碎裂歷一時許始止豆麥及樹果均損）

占候

（前志附占候於風俗多就風雨氣候推測茲依據物理並參以農諺雖蟲介之微亦足見感應之微兆故不依舊例）

特列此篇

蝦多主水潦蟹多主兵亂蝇多主歲荒蚊多主歲熟故有蝦荒蟹

亂蝇荒蚊熟之諺

春秋上甲子雨主潦夏冬上甲子雨主旱諺云春甲子雨撑船入市夏甲子雨赤地千里秋甲子雨禾頭生耳冬甲子雨雪飛着地

日落時有雲無脚主明日晴諺云日打洞明朝曬得背皮痛日落時半天現紅紫色主明日風雨諺云日没臙脂紅明朝雨兼風

細雨不濕塵者俗稱蓬花雨（即詩所謂霢霂）諺云雨前蓬花不肯落雨後蓬花不肯晴（言蓬花在雨前決無大雨在雨後必致久陰也）

癸巳爲鶴神上天是日雨主潦己酉爲鶴神下地是日雨主旱諺

云赤脚上天滞渠满披蓑下地井泉枯

占雨占晴以庚日甲日爲準諺云久旱逢庚雨久雨逢甲晴又丙日多晴諺云丙不藏日

雞鴨依棲不出聲息連續主風雨諺云雞啁風鴨啁雨又云雞早上棲大雨滿溪

日晡時有黑雲上接及晚雨速霽均主夜雨諺云烏雲接日頭當夜雨颼颼又云明星照爛地天亮落弗及俗音讀及如忌

朝霞主雨晚霞主晴朝晚有霞主久晴諺云朝霞不出市暮霞走千里又云朝霞晚霞無水燒茶

濒海多霧占候四時各異諺云春霧太陽夏霧熱秋霧涼風冬霧雪

連日大霧主風諺云三朝迷露（俗稱霧爲迷露）發西風

觀鱟之方向可以占知晴雨諺云東鱟日頭西鱟雨

春日見霜必當日有雨諺云春霜弗過夜

正月初八夜天朗無雲主元宵晴元宵有風主淸明節雨諺云初八夜裏見參星月半夜裏有紅燈又云風吹元宵燈雨打寒食墳

二十日雨主棉歉諺云雨打正月念棉花弗滿擔晴則主稔諺云二十夜裏滿天星遠年宿債盡還淸（是日俗稱棉花生日）

春甲申雨主歲饑諺云春雨甲申米價如金

驚蟄前聞雷主歲歉諺云未蟄先蟄人吃狗食

三月麥始脫穎喜晴忌雨諺云三月裏𣉙得田濘白莎草盡變麥

四月以蛙聲卜分秧期即唐人詩所謂田家無五行水旱卜蛙聲也諺云田雞叫得響田內好牽槳田雞叫得啞田內好把稻農人稱分秧爲把稻言聲響則水盛恐其漂失啞則宜及時戽水而把稻也

五月入霉以冬青花驗雨量諺云黃霉雨未過冬青花未破冬青花已開黃霉雨不來

夏至日西南風主多雨諺云夏至西南沒小橋

夏至後十五日稱三時末日聞雷主多雨諺云鼕鼕打鼓送三時四十五日不用動車槌

五月二十一日雨主久雨見虹則主久旱諺云二十分龍廿一雨水車擱在衖堂裏二十分龍廿一晒拔起黃秧便種豆

小暑聞雷主多陰雨諺云小暑一聲雷黃梅依舊回

六月十四日雷主蟲傷田稼二十日雨（俗稱蒲包生日）主棉荒諺云六月十四雷轟轟一把豆餅一把蟲六月二十雨颼颼颼買個蒲包蓋牆頭

三伏不熱則年荒諺云六月蓋被田中無米

伏中暴雨俗稱陣頭雨作勢而不成者謂之空陣以電光之方向占雨之成否頗驗諺云南閃千年北閃限前（夏令恒西南風大雨將至風必反北向重雲隨風而起心亦然故閃於北者即雨）

七月立秋後海上有雲頭陡起如僧趺坐形土人恒以此預測風潮諺云海和尚響叮噹

八月二十四日雨（俗稱稻藁生日）主米薪價貴諺云上午雨籠上荒下午雨籠下荒

稻秀忌風棉實忌雨瀕海入秋後風雨不常必待八月後始定豐歉諺云白露看花秋看稻（秋謂秋分）

九月霜降節見霜主歲稔米賤先見則反是諺云霜降見霜米爛陳倉未霜先霜米販像霸王

十月聞雷主一冬多雨諺云十月雷路白雨來催

逢五有風主有暴寒俗稱風報諺云十月五風凍煞人

十一月十七日爲彌勒佛誕日東南風主米貴西北風主米賤諺云風吹彌勒面有米弗肯賤風吹彌勒背無米弗肯貴

十二月臘內得雪（冬至後逢第三戊日即入臘）來年二麥必稔諺云臘雪如被春雪如鬼又云若要麥見三白（謂得雪三次）

歲底交春謂之兩頭春主冬暖諺云兩春夾一冬無衣暖烘烘

除夕牲畜不鳴主來春平安諺云除夕犬不吠新年無疫癘

淞南志

（清）陳元模纂

清嘉慶十八年（1813）木活字本

淞南志卷之五

東吳後學陳元模燦辰氏編輯

災祥

漢朝

文帝三年吳暴風雨壞城郭及民室五行志以爲吳王濞將謀逆故天戒及之

三國

吳大帝大元元年八月朔大風拔樹江海湧溢平地水八尺民多溺死

晋朝

惠帝元康中婁縣懷瑶家忽聞地中有犬聲視聲發處有竅大如螾穴發之得犬子雌雄各一目猶未開形大于常犬哺而食之還置竅中覆以石磨越宿視之竟失所在

梁朝

海西太和六年吳大水稻稼漂没黎民饑饉

天監元年大旱斗米五千人多餓死

宋朝

明道二年大旱種餉皆絶人多流亡因飢成疫死者十二三官

煑粥以食之食輙死

淳熙十二年秋平江府有蟲聚于禾穗貫以油則墮否則食禾

且盡一夕大雨盡死

元豐元年七月四日夜蘇州大風雨水高二丈餘漂崑山張浦

沙保六百戶悉盡惟餘五空屋人亦不存

元朝

元貞五年秋七月戊戌晝晦暴風雨電兼發江湖泛溢瀕海傍

江之民災傷不可勝計朝廷以米八萬七千餘石賑之

大德辛丑秋七月風潮漂蕩民廬死者八九海道千戶朱旭運

米千石以拯其患

明朝

洪武庚午秋七月初吉海風自東北來挾潮而上揚沙拔木漂

沒三洲一千七百家盡葬魚腹出吕誠紀異詩序

成化十五年五月晦酉時有星芒大如杯長尺許有聲自北流

南而沒庚子歲八月十日酉時天火墜如碗碧烟絪緼竟天

亙久方息十二月二十一日夜長星見南而滅是後海寇大

作

成化癸夘正月七日凌晨雨木氷形如纓絡葆幢萬樹皆然按

劉歆說上陽施不下通下陰施不上達故雨而木爲之氷雺氣寒木不曲直也劉向曰氷者陰之盛木者少陽貴臣卿大夫之象也此人將有害則陰氣脅木木先寒故得雨而氷也

弘治二年十月五日東北大星殞有聲如雷燭光天地

弘治壬子大水禾稼無收次年民飢不能力穡知崑山縣事楊子器以錢穀量口賑濟又載稻種詣各鄉分給之

弘治十年丁巳一冬無雪行季夏令十二月草木皆吐花明年八月雨又明年三月野田如江湖而菜麥俱爛死七月朔海潮赤如血潮退沙泥猶然

正德四年己巳七月七日大雨一晝夜高低皆成巨浸小民流離死亡者不可勝計次年庚午正月八日民間爭看參星冀得豐穰父老曰使星占果驗當復如上年我民奈何春夏淫雨彌月水勢益張民皆乏食老者塡死溝壑幼者委棄街衢久則壯者亦相枕而死矣所在積屍如山見者傷痛鄉民嚴春家素饒號仁厚出己地以瘞死者復傳示村民載屍以往則以金賞之民利得食爭先恐後似得古人掩骼埋胔之意知崑山縣事方公豪具奏得免漕粮民皆頌德

正德十三年九月新洋江東姚氏忽一日有青龍偃卧墻下長

可數尺甃師誤以爲蛇以竹擲之不中旋卽飛翔霄漢尾植天際頭角拖邐向下大風拔木頃之又一白龍從西南來二龍游戲天表姚氏積貯席捲一空越三日大雨漂没田禾僅露莖穗小民没股刈以登塲甚艱于食

嘉靖元年壬午一十五日颶風大作樹木振拔民居破壞舟行漂溺者甚衆一晝夜方息

嘉靖二十三年甲辰大旱焦土螟螣攢食苗心次年復旱河渠皆裂米價每石一兩五錢野多餓莩

嘉靖三十一年倭夷騷動未敢深入次年復然三十三年覘知

內地無備四月七日直抵崑城沿途焚刼遇卽手刃十三日突駕巨艘五六十餘泊于新洋江口賊徒幾千人分剽各鄉吹螺舉號屠割淫虐慘不可言率其精銳肆力攻圍燕尾鏃佛郎機一時合發又造雲梯蟻附而上被圍兩月城幾破賴邑侯祝公乾壽力守得全淞南素多宋元時大廈至是被燹無一存者

嘉靖三十四年乙夘倭夷方退疾疫繼作民多死者巡撫周公珫周公如斗相繼入奏言東南疲敝請蠲租以賑詔下凡倉糧已徵在官者仍令散歸各戶歡呼之聲滿于道路

嘉靖四十年辛酉春雨雪不止夏淫雨尤甚兼以江湖之水橫潦漲溢青苗方蒔盡沉水底一白際天茫無畔岸老幼俱死溝壑正德己巳庚午之變復見于今眞吳中之大厄也

嘉靖四十二年癸亥二月有海魚突入新洋江上下游泳不越二三里二旬不去夜嘗卧于沙灘早行者擊之以獻縣其魚圓身色白而無鱗頭目如豕兩耳卷然尾如鳥尾有陰戸在下腹長可數尺衆皆莫識未幾玉峯倉災時糧猶未兌邑侯彭公富力救僅存其半

萬曆二年七月某五保帆歸村朱家有鳥集于舍前其色如墨

形大如鶴數入朱室朱怪而驅之鳥以翼擊之痛入於髓頂之霹靂交作風雨並至屋瓦皆飛舍前所貯稻禾及所浣衣服無一存者或曰此鳥即雷神也廟塑神像一持斧一持鉞嘴如鳥喙肘有二翼豈其是耶

四年大水高下俱没千墩至甫里可揚帆直達不由浦港

十六年里民張氏雌雞化爲雄

三十六年戊申夏大雨兩月高下田里一時盡没秋深水勢始退有蟲如蚊大倍之飛則蔽日里老以爲荒蟲云

四十年壬子夏無暑冬無雪民間大疫死者相繼

天啟四年甲子夏大水後大旱民饑十二月地震彗星見

崇禎十年丁丑十月朔日食旣晝昏如夜

十四年辛巳夏大旱飛蝗蔽天穀貴民飢草根樹皮食之俱盡死者相枕有明以來凶荒迭見然未有甚于此者

十五年壬午地生白毛長一二尺許茄內亦然五行志所謂白眚也十七年流寇逼京懷宗死國明遂以亡

國朝

順治二年乙酉澱山湖白妖黨作亂聲言起義以白布裹頭所在擄掠居民逃竄

八年辛𨚫大水田疇盡没米一石價至四兩五錢民大困餓殍盈路

十四年丁酉狐孽夜驚見輙傷人居民禦之鳴金達旦

十六年己亥夏鄭寇內侵湖盜錢大乘間竊發殺守將屯營里中焚掠一空

康熙七年戊申夏地震地生白毛長四五寸許

九年庚戌夏大水田高下俱没無禾民飢里人設粥以濟

十三年春蚩尤旗見光芒燭天是歲吳三桂謀逆據楚蜀作亂兵甲干戈者數年

十七年戊午歇馬橋王氏婦產一龍鱗甲俱全家人駭而斃之後有娠復產一夜义青面獠牙朱髮蒙面口張至耳復擊殺之

十八年己未夏大旱港水俱竭飛蝗蔽天無歲斗米三錢民大饑里人復設粥賑之

十九年庚申夏淫雨兩月禾苗盡淹歲祲民飢里人於延福寺建黃羅以禳之

二十九年庚午夏水中生蟲似螢入夜照耀江濆冬大寒河涷月餘果樹皆死

三十二年癸酉夏大旱浦水俱竭禾苗槁死冬多盜里民驚竄
夜則火光燭天或云鬼兵入春始息
三十四年乙亥夏大雨浹月苗禾漂没自淞以南舟行陸地
國朝水災是歲爲甚
四十年辛巳冬訛言寇至或云自海或云自湖居民皇皇逃避
者半
四十四年乙酉吳家橋產怪遍體生毛狀如獮猴頭長尺許有
口眼而無鼻生卽呌跳因擊殺之懸市竟日
四十六年丁亥夏大旱河港龜拆赤地千里蒔者什三亦俱槁

死米價騰貴冬　皇恩賑濟計戶給米民賴以安
四十七年戊子夏大水高下盡沒民大飢糠粃樹皮亦俱采食
賴截漕設粥以救民困稍蘇然連年水旱死者相枕
四十九年庚寅夏大水高者可救低者盡沒
甲午夏大旱秋七月始雨已未復大水高下俱淹可
收穫者吳淞以南十無二三水旱洊至農民大困
雍正甲辰夏初大旱蝗雙洋左右尤甚吏人奉命往驅搜其穴
多者三四石秋大風早霜禾稻不實民幾乏食
雍正丙午秋大水低田盡沒自秋迄冬雨雪相連高鄉禾稻俱

陷氷雪至丁未春天晴凍舒稍拾遺穗以供租賦終以積水

不獲藝麥民大困賴　皇恩留漕賑濟千墩碶磧趙靈蘩溪

各設粥廠賑給飢民然而民力已不堪甚矣

【康熙】崇明縣志

（清）朱衣點修　黄國彝纂

清康熙二十年（1681）刻本

重修崇明縣志卷第七

祲祥志　龍鳳興風考附　遂寧朱衣點鑒定

維天垂象聖人所則以實應之妖不勝德堯湯旱潦載諸史冊越在海邦風雲異色盡我人事有嚴有翼昭事上帝烝民庶粒志祲祥

祲祥

宋延祐三年三月紫芝產于崇眞道院山門甃間

元至正二十三年產瑞麥一楷二穎

元貞五年七月暴風雨雹海水汎溢民傷不可計數

朝廷發米大賑

大德五年秋風潮陡起自崇明至眞州溺死者八九 並詳通鑑

明

洪武三年庚戌風潮大作飄蕩廬舍民饑 並見范志兵警

十一年戊子七月四日風潮大作 並見州志災祥

十七年甲子秋颶風湧潮汲溺無算 見范志

二十三年庚子七月海溢各沙壞屋傷人十存二三西沙人趙以禮詣闕請擢工部主事 附丈二洪潮記

明初洪潮屢溢父老詣憲告災憲詰云潮勢約高幾何父老對曰一丈二尺憲又詰云民居不遠避向能測其數耶對曰八尺海岸岸上三尺桑蒿桑蒿頭上水滔滔故知丈二洪潮憲惻然特爲請蠲請賑向有丈二洪潮圖在舊志中

永樂十二年甲子閏九月十七日風潮大作溺死居
民無算西沙人宋傑詣闕告災遣官施賑復徭二
年　十四年丙午七月二十四日潮溢人畜多死
見舊志
寇警
正統元年丙辰七月二十一日潮漲傷禾事聞蠲秋
糧十之七十月朔復溢傷人甚衆　四年冬十月
海濱獲一物大如獒毛氄細而黃目圓黑有光首
類虎齒若芒上下各六七層前足魚鬐狀後兩足
若鼈硯人乞憐張揮使憫之放于海　五年瑞麥
一本有三穗者　九年甲子七月十七日烈風暴

雨竟夕拔木發屋海潮大溢壞民居一千餘所溺死男婦一百六十七口牛馬牲畜飃溺無算十一年縣治火知縣王銳欲更新忽海中浮至巨木四百餘株因足營建之用人以爲異

弘治十五年壬戌六月二十一日鄉民顧孟明家鷄抱一物首類猴身體手足耳鼻皆人狀長四寸有尾振動無聲持白于官知縣劉才驗實具申御史馮允中上聞

正德三年霪雨浹旬城市水深三尺　十一年丙子六月海潮暴至平地丈餘溺死甚衆次年民饑麥

價騰貴茹糠子母相棄者比比　十五年十一月
十六日天鼓鳴有火自西南流入海光焰燭天桃
李花二麥穎
嘉靖元年壬午七月二十五日颶風大作潮涌丈餘
廬舍飄溺人民淹死無算流丐外境者更甚各憲
大賑民賴以甦　十八年己亥七月初三日風潮
大作廬舍飄溺幾盡淹死男婦數百口　二十三
年甲辰歲旱無收次年大旱稻麥全無
隆慶二年七月大風暴雨樹木皆拔民房傾塌　三
年己巳閏六月十三日至十六日風潮並作騰地

文餘居民十存三四
萬曆二年七月十四日夜風雨拔木公廨民宇倒塌
無考　三年巳亥六月初一日颶風大作洪潮衝
瀉漂蕩民居幾半十三日風潮繼作淹禾殆盡知
縣陳文親踏災傷申乞賑濟　十年壬午七月十
三日風潮並作飄泛民居溺死甚衆　十六年八
月十六日漁人獲一物首巨尾長身有細毛兩耳
蓋面兩足生甲知縣李大經賦詩鐫鐵牌舁入海
十七年旱魃爲災赤地無穫啼號載道石米一
兩八錢　十二月初一日城中火自西北隅飛燄

災至縣後轉東而熄燬民房一百四十三家　十九年辛卯七月十六日颶風陡起海潮暴溢漂蕩民船溺死無算　二十二年驚傳有狐或如羊犬狀或如烟霧狀抵暮入民家遇者輒迷而童稚尤易眩里中擊金鼓禦之達旦不息或云妖僧剪紙爲之後家設水盆于戶入門多溺取視之果得紙狐爪自鐵針爲祟月餘嚴逐妖僧始息　二十四年丙申三月十六日鹹潮橫溢草麥淹死饑饉載道崇邑清明後鹽潮此爲僅見　二十八年九月二十五日戌時地震廬舍搖動颯然有聲　三十

六年大雨數月城內一望汪洋舟行岸上民大饑

天啓元年壬戌十二月地震民家什器俱動屋宇如簸

崇禎二年己巳六月風潮大作七八月復作溺死甚衆一歲三澇稼無遺種知縣王宮臻出俸錢蠲賑建廠煑粥勸糶停徵民賴以生今勒遺愛碑監生沈廷揚捐助四千餘金　十二月堡鎮趙賣糕家生一猪前二足後四足一首二尾背上又一足向上八月有小鳥千百成羣所過如雷　九年六月大星晝見　十年四變署縣知縣李招鳳駐察院

蝟怨叢生設醮以禳　十二年八月蝗蔽天從江北至食禾如刈民間修禳或鳴金鼓驅之知縣李招鳳具申巡撫張國維請蠲逋餉一萬三千兩巡撫黃希憲復捐俸一千兩賑濟　十三年八月蝗蝝災惟赤穀早稔晚穤不遺種崇饑益甚　十四年蝗復降流丐填壑石米四兩村落爲墟　十五年大饑茹糟糠樹皮草根俱盡道死者枕藉相望堡城一嫗殺鄰稚以食洗炙狀黃姓者食巳子事覺嫗爲衆毆殊死黃斃獄　四月十一日鬼夜哭城鄉遍聞逾時方止是年大寇大饑大疫　十六

年七月雨白毛　九月署中忽聞外庭斑聲大震出探寂如　十一月十一日大霧雷電　十七年楊家河有季姓者馬死剖腹得一物大如碗堅如石五色斑駁不可名狀　六月二十二日洪潮大溢

國朝

順治四年居民朱某家生犬六足　七年庚寅八月十五日洪潮大溢九月初一日十月初三日復溢城鄉水深數尺時方穫霪雨浹月禾稼沉腐溺死老稚無算知縣劉公緯三請蠲賑次春停徵指俸

勅諭設廠煑粥　九年壬辰六月十五日鹹潮陡作各沙告災崇潮從來冬鹹春淡是夏大旱水涸六月鹹潮自萬曆二十四年三月十六日以來於玆再見　九年棉大稔每觔價至一錢種地數畝者頓成富室因而讌會服飾競尚奢侈逾年島寇至連年兵燹饑饉相仍議者謂物盛而衰之理如此　十年六月鹹潮猝至穀盡死忽生海蟄蟛蜞人咸稱駭　十一年六月二十一日東北風大作屋瓦俱飛樹木盡拔潮勢高五六尺男女溺死無算至二十三日方息　十二年洪潮三溢漂溺甚

衆知縣陳公愼報災巡撫張公中元具疏請蠲免
額餉一萬八千兩有奇　十四年冬雷梨花開
十五年七月初六日雷震毁北城二垜次年島寇
攻城　八月二十二日未時地震　十月初一日
潮溢塘圩衝潰城中水高二尺時方秋穫漂淹殆
盡麥無遺種知縣陳公愼請撫院張具題秋糧盡
行蠲免　十六年霪雨連旬二月終大雪累日
三月初四日大雨雹晝瞑　四月二十九日南關
外有市麵者地中湧血尺許徧灑墻壁嘶嘶有聲
後八月島寇至是地災劫殆盡　十月大安沙民

張姓家雄雞生二卵未幾是沙徹 十二月十二
日大雷次日午時雷電 十六年潮災秋糧盡行
蠲免按此後江南有奏銷大案崇獨得免者則請蠲之惠也 十八年正月
至四月連雨夏五月至秋大旱
康熙元年十二月初十日霜濃如雪草木凝白名曰
木介 三年五月彗星見東北長數十餘丈亥升
辰沒後昏現中天其芒東指 八月三十日洪潮
漲溢五晝夜蠲免秋糧十分之三 四年八月霪
雨浹旬洪潮復溢蠲免秋糧十分之二 五年十
月初四日大雷雹是月有白氣經天如燈逾時而

滅　十二月初一日地震　初八日復震　六年赤殺死　三月白氣經天逾月而隱　七年六月十七日戌時地震房宇搖動地面崩裂　八年南關外庠生沈姓家溝傍產靈芝　十月二十日太燠夜雷電　十一年八月二十二日夜地震秋蝗蔽天悉投海死禾不害　十七年四月初五日地震七月永寧沙出兩頭蟲首尾皆喙齧棉如刈時大旱三月不雨諺云邑有黑吏則此兆見　十八年八月有蝗蔽天自北而南不入境　十九年六月十二日大雷雨迄八月方止各沙木棉沈腐殆盡　閏八月

大疫 二十年六月初六日保定沙至張盈港潮湧丈許溺死男婦百餘人今縣朱公衣點詳憲告災

龍風颶風考（颶音具惡風名言風力具足也）

宋有龍者曰龍風無龍曰颶風颶風風易備龍風難防

國朝順治七年龍見仙景沙兩目如燈風雨陡作所過赤地 十七年八月二十三日碧天無雲平洋沙碎頭港有龍自天而下海中湧出一物大合抱高數丈忽接龍尾龍體適白頭足如牛鱗甲晃耀二鼠長丈餘田禾廬舍壞及數里一人攝至樹頂

旋墮草中得不死言之甚詳

康熙二年四月十六日龍現暴風起西北大雨雹平地盈尺便民河東四十餘鄉菽麥盡折禾秧一掃二熟俱荒　三年龍騰白蜆沙冰雹隨至時麥方稔所過俱傷房屋飛颺空中知縣龔公榜具申　十九年六月初九日風雲陡作龍現永寧沙從新開河經箔高排定四沙入海一路毀民居三十餘家攝二棺至空中板隨成屑屍擲故處石磨飛翔如燕　二十六日有龍起石家灣至享沙攝毀民房百餘家棺木倒翻甚多

颶風

每歲二月初八日俗呼祠山張大帝喫凍食先期有接客風遇辰日散有送客雨歷驗不爽 三月十六日有潘蒲報 四月十六有攢麻風 夏間有春雪報如立春後遇雪至一百二十日必應 九月上旬有重陽報下旬有霜降報 二十七日有催嬾婦報 十月初五日有五風報 十一日有摩和尚渡江報 二十日有龍歸東海鳳歸山報 三十日有犁星着地水生冰報 十一月冬至爲交冬起九諺云一九有

報九九不爽　每月起水日西南風本日必有
報本日不報一汛三報

以上諸報至期非風即雨往來濟渡宜知避之夏風每發於午後冬風每發於午前渡海所忌有早晚之異

【民國】崇明縣志

曹炳麟纂修

民國十九年（1930）刻本

附災異

宋延祐三年三月西沙崇眞道院瓦瓴間產紫芝

元至正二十三年東沙產瑞麥一莖兩穎元貞五年七月暴風雨雹海水溢傷民甚多大德五年七月風潮自邑境至眞州溺死者十八至治三年三月饑泰定三年三沙海溢漂民居五百家至正順帝年號元年海溢與通州泰州共溺一千六百餘人

明洪武三年風潮漂廬舍大饑六年二月潮溢八年西沙麥

秀兩岐十一年七月十四日風潮漂民居十三年十一月潮決隄人畜多溺死十七年七月颶風潮溢漂没無算二十三年七月海溢沿沙廬舍盡没民溺十七永樂十二年閏九月十七日風潮漂廬舍五千八百餘家民溺死者甚眾十四年七月二十四日潮溢人畜多死正統元年七月二十一日潮溢傷稼十月一日潮復溢漂屋傷人甚衆四年十月海濱民獲一物頭類虎毛㲯細色異巨圜黑閃光溢六七層長二尺許有黑文前生鬐後兩足如龜飼以魚見人俯伏作乞憐狀縱使入海再沈再躍首回顧三五年東西沙産麥兩岐三岐六年正月有大魚死海濱長十丈無鱗皮厚寸許人爭割其肉熬油齒大踰握上下三十六瑩潤勝象牙九年七月十八日烈風暴雨竟夜潮大溢拔木發屋男女溺死百六十七人

天順五年七月十五夜大風雨潮潯丈沿海民居盡沒死四千餘八十八年九月雄雞生卵碎之中有獼猴大如棗宏治十三年六月海潮赤如血十五年六月二十一日鄉民顧孟明家雞孵一物似猴手足耳鼻如人長四寸有尾振動知縣劉才據狀詳御史焉允中以聞正德二年夏東沙麥秀兩岐三年霪雨浹旬城市水深三尺可通舟民不能舉炊七年饑十一年六月潮暴湧丈餘人畜廬舍漂沒無算十二年大饑麥貴如米民食糠粃棄孩遍野十五年桃李冬華麥二穎嘉靖元年七月二十五日颶風作潮湧丈餘漂廬舍民多溺死十八年閏七月三日大風潮民溺死者數百八二十三年旱饑二十四年旱無禾麥三十八年冬無冰隆慶二年七月大風雨拔木壞民廬三年六月十三至十六日風潮大作平地

水尋丈居民十存四東海見大魚背高如山目光如月數日乃沒漁人捕得大鮎剖腹有物黑而堅洗視乃白銀復有亂髮一團萬曆二年七月十四夜大風拔木傾解圮民居三年六月一日颶風怒潮激蕩民居漂沒殆半十三日風潮繼作淹禾殆盡八年漁人捕得一龜重三十斤作乞憐狀胥良濟買放之後渡海舟覆溺良濟足若有憑抵岸見大龜昂首去十年七月十三日風潮作沒民居多溺死者十六年兩爲災八月十六日漁人獲一物巨首長尾身有細毛兩耳蓋面兩足有甲知縣李大經賦詩鑄鐵牌挂之舁入海按部鄭常洽聞記所謂海人魚也十七年大旱饑十九年七月十六至十九日颶風潮暴溢漂民居死者眾八月十六日潮又溢民大饑二十二年有狐如犬羊如煙霧暮入民家遇之輒迷罔里中擊金鼓逐之

達旦不寐或謂係妖人翦紙爲之因戶設水盆狐多溺杲皆紙爪用鍼月餘崇息二十四年三月十六日鹹潮傷麥八月十四日大風潮二十六年夏潮秋無禾二十九年夏無麥三十三年無麥三十六年大雨數月城市行舟大饑三十七年七月十七日颶風潮溢八月七日風潮又作淹田廬歲饑三十八年五月七日大風雨潮溢傷棉稼天啟元年地震屋宇如撼七年七月二十五日西南風起江水大漲越數日轉東北風水治退十月五日西南風又盛江水復漲淹田廬甚多

崇禎元年七月二十三日颶風潮溢溺人無算冬至前日有龍數十見東海中二年六月三日颶風大潮七月又大潮八月海嘯者三有小鳥千百羣飛所過聲如雷十二月堡鎮趙氏家生豬前足二後足四首一尾二背又生一足三年春大

饑民食榆皮六月八月潮數溢八月二十八日颶風作潮淹
田穀生芽六年五月颶又作潮溢六月二十五日大雨雹壞
民廬八月十五十六日颶作潮湧沿海居民盡溺九年正月
蛸蠨生設醮禳之十二年八月蝗自江北來食禾十三年八
月螟爲災大饑十四年二月二十五夜流星十數自空墜地
大者如盌光五色有螟石米四金十五年四月十一夜有聲
如鬼哭城鄉徧闈踰時止大饑人食樹皮草根俱盡復大疫
死者枕藉十六年六月二十二日潮溢七月雨白毛十七年
楊家河季姓馬死剖腹得一物大如盌堅如石色斑駁有孕
婦腹大踰常及娩產十三兒長僅五寸許皆能啼其家怪而
投之海婦無恙六月城北季姓馬生三卵質色如雀卵紅白
相間大者重三斤小者斤許

清順治四年八月十五日潮大溢九月十月屢溢城鄉水深數尺時方穫禾稼盡腐民多溺死朱姓家生犬六足五年民家雞翼中生爪六月海蜇蟛蜞忽生九年六月十五日鹹潮猝至各沙災十年六月鹹潮又至禾盡死十一年六月二十一日東北風大作潮高五六尺民多溺死十二年潮三溢各沙漂溺甚衆十四年冬雷梨花開十五年十月一日潮溢決隄城中水深二尺十六年正月霪雨連旬二月杪大雪三月四日大雨雹四月南關外有市麵家地中湧血尺許徧灑牆壁有聲十月大安沙張姓家雄雞生卵二十七年八月二十三日晴天無雲平洋沙碎頭港有白龍自空下長二三丈鱗爪宛然海中復湧一物大合抱長數丈仰接龍尾旋大風十八年正月朔海中龍見四月復見康熙二年四月十六日龍

見暴風起西北大雨雹積盈寸三年夏龍見白蜆沙八月朔潮大至三十日復溢四年六月二十八日颶風猛雨大潮八月霪雨浹旬潮復溢五年六月朔望雨汛潮溢十月四日大雷雨雹十一月蝗不為災六年三月南營沙降一死龍民往取之有大蜂簇繞近則撲面血出後肉脫骨僅存又小鎮民家豕生卵八年南門外沈姓家產芝十七年自五月十九不雨至七月十九始雨永寧沙出兩頭蟲嚙棉如刈十九年六月九日龍見永寧沙毀民居三十餘攝棺二旋轉空中石磨飛如燕二十六日龍起石家灣至亭沙毀民居百餘八月三日颶風潮溢民多溺死大疫二十年六月六日保定沙至張盈港潮湧尋丈男婦溺死百餘二十二年正月雨至三月二十六日五月大雨月餘七月十日大風雨潮湧拔木壞廬舍

棉無收二十三年某月一日三潮三十五年四月二日夜潮溢壞民居人溺死無算張網港獲海魚頭戴一角徧體鐵色有鱗如鼉長四五尺三十七年蝗歲饑四十四年秋雨兩月餘壞棉及豆四十七年秋霪雨百日潮大湧五十四年九月十五日潮溢雍正二年五月高橋洪獲介物似黿八目鳧足重二百餘斤昇至總兵署飼以饅嘔嘔有聲稷之海噴水高數尺去六月蝗七月十八夜大潮男婦溺死千餘歲饑三年楊家河堡鎮米行鎮沈安狀等處皆麥秀兩岐五年五月麥又兩岐甘露降如飴七年七月十六夜海溢自卯至辰天色如墨乾隆元年新鎮沙民家牛口吐小牛長二寸許六年七月十九日龍見堡鎮有火飛入鎮南風塌民居七年冬至日遊擊署開白牡丹十二年七月十四夜海溢溺人無算二十

年夏霪雨傷禾棉豆七月十五十六日風潮大作米石四五兩饑殍徧野二十一年大疫民多死二十二年堡鎮南有牛三足前一後二二十五年麥秀兩歧二十八年四月大雨三日有巨魚一陷南海沙中身蔽十畝取其頭長三丈載至蘇州懸其顱虎邱之麓袁枚有詩紀之三十六年秋風雨潮溢饑四十六年六月十八十九日風潮大作溺死男女一萬二千餘人壞民舍一萬八千餘間五十九年秋有蟲傷稼六十年三沙有地如雷鳴數日旋塌入海地中有獨臺二香爐一嘉慶元年麥秀兩歧三歧秋大疫四年七月三四五日大風雨潮溢民多溺十年閏六月三四五日潮溢秋蟲傷棉稼道光三年四月霪雨平地水二三尺禾棉盡傷八年春施翹河口有物狀如馬高大倍之行沙灘上鄉人斃之取頸骨爲臼十年七

月二十八日潮溢十一年七月二十八二十九日颶風暴雨海溢民死九千五百餘八十二年七月袁陸港有巨魚斃海灘長四五丈民鋸其骨爲橋板俗傳閏年風潮較大必有巨魚隨潮至稍退則擱任人臠割謂之閏魚十四年七月大風雨三日傷棉稼二十八年六月二十日東北風大作潮溢城市水深二三尺瀕海居民多溺八月雨雹大如盌二十九年夏霪雨連旬歲祲咸豐元年五月八日大風雨潮溢拔木圮屋三年三月二日亥刻地大震屋宇器物撼動有聲六年夏大旱地生毛秋蝗歲不登七年夏平安沙麥秀兩歧九年七月二日昏有流星距地二三丈東西流行二時許十年三月大雨雪地凍八月鬼夜哭其聲自南而北如千百成羣十一年十二月二十七至二十九日雪深四五尺同治元年邢港民家竈後土中聞犬吠聲掘得犬

數日死三年六月十一日大風壞民居五年夏有流星自西而東大如斗距地約三丈許有光八年冬東門外張庚妻產男一身兩首斃之九年九月沈家灣張姓婦產大蝦蟆一重四斤越數日又產一龜長安沙民周長春孕三十六月產男十一年四月新開河民田麥秀兩岐五月庫書李某家雞生卵五色碎之中有人面四官咸具貊貍鎮民家雄雞生卵七月豢生柏葉九月西門外民家生芝之一如盌大十二年六月大雨雹傷稼壞廬舍光緒三年外沙蟲傷棉穀殆盡夏協安沙北有巨魚隨舟行舟泊沙灘魚陷長十八步居民斫死晚見沿海火光如星數日乃絕十六年六月十七日有龍出南街陳姓麥園破屋騰空去入南海薪芻滿天逾時墜十七年夏旋風攝北門外徐姓屋去牆從空中墮移十餘步不仆一

病者仍卧敗絮中十八年六月龍見𥰡階鎮北田中攝水地皆成細孔二十六年外沙水災二十七年又災二十九年城西南隅民家産芝五三十一年八月三日颶風夜潮驟溢水丈餘城市街巷盡没沿海民居漂盡死男女一萬餘人三十二年南門内民家有雀與蛙鬬厨下宣統三年六月風潮決隄壞廬舍

【道光】濟南府志

（清）王贈芳、王鎮修　（清）成瓘、冷烜纂

清道光二十年（1840）刻本

災祥

和氣致祥乖氣致異蓋禍福之來必有以召之理之常也君子信其常故鳳凰芝草而符瑞不矜彗孛螟螣則遇災而知懼焉所以集休和而消沴戾也竊觀濟南一郡上下數千年勤求治理而感召嘉祥者何代蔑有惟我

朝

列聖相承以勤政愛民爲先務輕徭薄賦培養

國本一遇水旱偏災輒蠲逋發帑以濟民饑

湛恩稠疊幾於歲以爲常是以百昌暢遂協氣旁流蒸爲太和上瑞豈區區慶雲甘露秀麥嘉禾所能徵其

盛治哉

災祥

周惠王三年夏齊大災　定王五年秋齊魯大旱　靈王二十七年歲星失次于元枵　敬王四年彗星出東北當齊分野　顯王六年雨黍于齊　赧王三十一年齊地雨血數百里

漢高祖三年十一月癸卯晦日食在虛三度　孝惠帝七年正月辛丑朔日食在危十三度　孝文帝元年四月齊國地震　三年十一月丁卯晦日食在虛八度　後七年有星孛于西方其本直箕尾末指虛危　十一月戊戌土水二星合于危　孝景帝七年十一月庚寅晦日食在虛九度　中三年十一月庚午水金火合于虛　孝武帝建元三年冬十月河水溢平原　孝

宣帝本始元年鳳凰集于千乘今新城屬千乘　孝元帝初元四年皇
后曾祖父濟南東平陵王伯墓門梓柱卒生枝葉上出屋　孝
成帝河平三年秋八月黃河決平原流入濟南千乘
東漢光武帝建武二年正月甲子朔日食在危八度　三年春河
溢於平原大饑　九年平原河水清　孝安帝永初五年正月
庚辰朔日食在虛八度　元初二年十一月甲午客星見己亥
在虛危　三年春正月丁丑東平陵樹連理　三月東平陵有
瓜異處共生八瓜同蒂　延光三年二月戊子有五色大鳥集
臺縣　九月辛亥黃龍見歷城　孝桓帝延熹九年四月平原
河水清　孝靈帝熹平二年十二月癸酉晦日食在虛三度
光和三年歲星熒惑太白三合于虛如連珠

魏文帝黃初元年二月壬辰山茌黃龍見山茌今長清　明帝景初二年十月癸巳客星見危

晉武帝咸寧元年五月戊午甘露降清河繹幕繹幕今平原　五年臨濟木連理臨濟今章邱　白麟見平原鬲縣鬲縣今德州　泰康二年二月辛酉隕霜傷麥　五月暴風折木　三年閏八月己丑白龍二見歷城　五年秋平原霖雨暴水傷稼　六年三月戊辰齊郡梁鄒隕霜殺桑麥梁鄒今鄒平　惠帝永康二年四月彗星見齊分　永寧元年七月歲星守危虛　二年十月熒惑太白鬬于虛危

東晉元帝建武元年七月平原大蝗　泰興三年四月枉矢出虛危　明帝泰寧二年六月乙巳濟河水口見八龍升天　成帝

咸康八年平陵城北石獸一夜中忽移于東南善石溝上有狼狐千餘迹隨之迹皆成蹊路　穆帝升平五年正月乙丑辰時月在危宿掩太白　孝武帝寧康二年正月丁巳有星孛于女虛　泰元十三年十二月戊子辰星入月在危　二十年有蓬星如粉絮東行南歷女虛　義熙二年十二月丙午月掩太白在危

宋武帝永初三年二月辛卯有星孛于虛危　文帝元嘉元年白燕見昌國昌國今淄川　十七年大水　三十年正月癸巳饑　孝武帝大明四年六月乙卯白燕見平昌平昌今德平　五年九月庚戌平原郡河水清　六年十一月太白填星合于危　前廢帝永光元年正月庚申月在虛宿犯太白　順帝昇明三年四月

歲星在虛危徘徊元枵之野

齊高帝建元三年十一月丙子歲星與太白相犯在危　十二月庚寅月犯歲星在危　四年七月戊辰月在危宿蝕　武帝永明九年四月癸未月犯歲星在危　十年九月癸未月犯填星在危

北魏太祖天賜三年十二月丙午月掩太白在危　太宗神瑞二年二月辛巳有星孛于虛危　世祖始光二年三月丙子月犯熒惑在虛　神䴥元年六月丙子流星出危南　三年六月丙子有大流星出危南　太平真君元年四月甘露降于平原郡　高祖延興二年八月獻嘉禾　太和六年八月平原臨濟等四鎮大水　八年六月乙巳虸蚄害稼　九年六月庚戌暴風

折木　十五年三月壬子歲犯塡在虛三度　癸巳木火土三
星合宿于虛甲午火土相犯　十七年正月戊辰金木合于危
是年獻三足烏　二十三年六月大水　世宗景明元年五
月乙丑山茌太陰山崩飛泉涌出　七月獻嘉禾　二年三月
實霜殺桑麥　四年十一月桃李花　正始元年八月獻嘉禾
二年三月丁丑大雹雨雪　四月實霜　三年三月獻白雉
永平三年秋閏月乙酉月在危蝕　延昌二年三月己未地
震有聲　九月甘露降　三年六月甘露降　孝明帝熙平元
年五月獻白鹿　正光元年四月獻三足烏　二年十一月辛
亥金土相犯于危　三年十一月靈巖山木連理
東魏孝靜帝武定八年三月甲午鎮太白在虛

北齊文宣帝天保九年有龍長七八丈見齊州大堂山東又蝗十年廣宗有馬兩耳間生角如羊　孝昭帝皇建元年河水清武成帝河清元年四月庚寅河濟清　六月乙巳濟河水口見八龍升天　四年四月甲辰太白熒惑歲星合在危　後主天統元年六月壬戌彗星見于文昌長數寸經紫宮西垣入危漸長一丈餘後百餘日在虛危滅　四年七月孛星見房心白如粉絮大如斗東行八月入天市漸長四丈歷虛危九月入奎至婁而滅

周武帝保定二年十一月壬午熒惑犯歲星于危南　五年六月庚申彗星出三台經紫宮西垣入危漸長一丈餘後百餘日稍短在虛危滅　建德三年十一月丙子歲星與太白相犯光芒

枵及在危　十二月庚寅月犯歲星在危　宣帝大象元年十月乙酉熒惑在虛與填星合

隋高祖開皇四年齊州水　十四年十一月癸未有星孛于虛危

唐太宗貞觀元年夏山東旱免今歲租　三年秋德州蝗　六年三月乙卯朔日食在虛九度　七年秋山東大水遣使賑之　八年七月山東大水遣使賑之　八月甲子有星孛于虛危　高宗永徽元年秋齊州水　六年淄州民吳威妻一產四男　十月齊州河溢　上元三年八月齊淄等州大水　中宗景龍元年十月丙寅太白熒惑合於虛危　元宗開元十二年閏十二月丙辰朔日食在虛初度　十三年齊州斗米五錢　二十五年五月淄州河清　天寶十五載五月熒惑鎮星同在虛危

芒角大動搖　代宗大歷八年閏十一月壬寅太白辰星合于危　十四年十二月丙寅晦日食在危十二度　德宗貞元三年閏五月戊寅枉矢墜於虛危　憲宗元和二年正月癸丑月犯太白於女虛　九年十一月戊子鎮星熒惑合於虛危　十二月鎮星太白辰星聚於危　甲午年月犯鎮星在危　十三年春淄青府署及城中烏鵲互取其雛哺子更相搏擊不能禁　十四年四月淄州隕霜殺惡草及荆棘而不害嘉穀　敬宗寶歷九年六月庚寅月掩歲星在危而暈　十月庚辰月復掩歲星在危　文宗泰和二年夏淄齊德等州大水　開成元年正月辛丑朔日食在虛三度　二年二月丙午有彗星於危長七尺餘癸丑在虛漸長至八丈餘癸未不見　八月丁酉彗星見

于虛危　三年秋淄州大雨水害稼及民廬舍德州尤甚　五年夏齊德淄等州螟蝗害稼　八年正月丙辰朔日食在危二度　宣宗大中四年秋淄州德州大水　五年夏齊州德州淄州螟蝝害稼　八年正月丙戌朔日食在危一度　僖宗乾符四年七月有大流星如盃自虛危歷天市入羽林滅　昭宗乾寧三年十月有客星三大者一小者二在虛危閒　天復元年鎮星守虛三年二月始去　廢帝清泰二年九月己丑彗出虛危長丈餘

宋太祖建隆元年六月乙未有大星赤色流虛東北　三年大旱民家多生魃　七月濟德等州蝝生　四年八月齊州河決　五年德州民趙嗣妻一產三男　乾德三年七月淄州河溢壞民

田　開寶三年淄州齊州水害民田　七年春齊州野蠶成繭
淄州旱　六月河決臨邑　太平興國九年八月淄州大水
孝婦河溢壞民田　太宗端拱元年齊州人徐姜妻一產三男
七月明水漲壞黎濟砦城黎濟砦在章邱　二年九月乙巳塡星與
熒惑合於危　十一月壬辰歲星熒惑合於危　淳化二年十
一月壬辰塡星與熒惑合於危　至道元年七月癸丑有星出
危大如杯　二年歷城長淸等縣有蝗　咸平元年七月齊州
淸黃河泛溢壞田廬　眞宗景德四年九月德州上嘉禾圖
大中祥符二年七月淄州大水　冬十月大淸河溢　三年七
月淄州嘉禾多穗異畝同穎　七年平原民田禾一本十二穗
乾興元年五月壬午星出危東行炸烈如迸火至羽林軍南

沒　仁宗天聖三年九月淄川生芝草有穀十科穿芝生二枚
景祐元年淄州諸路蝗募民掘蝗種萬餘石　九月丁亥星
出天津如太白有尾跡沒於危　七年九月德州嘉禾合穗
慶歷元年八月壬午黑氣起西南長七丈貫危宿客星出危東
南　五年六月壬戌客星出營室如太白至虛沒　十月丙寅
星出天津大如杯東南行至危沒　皇祐元年二月丁卯彗出
虛晨見東方指歷紫微至婁凡一百一十四日而沒　五年七
月甲辰星出奎如太白沒於危　八月丙戌客星出紫宮北辰
側至王良沒是夜又星出危沒婺女側　至和二年六塔河決
齊淄諸州民多溺死　三年五月甲午客星出河鼓如太白東
北行至虛沒　八月戊申又有星出于危　四年九月癸丑有

星西皆如太白有尾迹一出危西南行至女没　五年八月丙寅有星出虚大如杯　六年七月乙酉有星出螣蛇至危没　丙戌有星出天津至危没　七年九月丁卯有星出東壁大如杯西行至虚没　八年三月癸卯有星出匏瓜東南至危没

英宗治平元年六月辛酉有星出河鼓東南至危没　七月癸未星出危西南行入天市垣没　二年八月丁巳有星出於危

神宗熙寧元年七月乙亥星出虚南如歲星西行至天市西垣没　八月甲辰星透雲出虚北如歲星北行至奎没　二年七月丁卯星出危南西南行至壁壘陣没　七年六月辛卯星出危西如太白西南行至南斗没　九年八月壬寅星出危北大如杯　九月辛酉星出牽牛西如太白東流至危没丁丑星

出危西如太白南流至牽牛沒　元豐元年章邱河水溢壞城壁漂溺民居　二年五月齊州禾一莖五穗　六月庚子星出危如杯　六年九月庚申星出危北如太白西南行至牽牛沒　歷城縣禾二本合穗　哲宗元祐元年五月壬申星出女北向東流至虛東沒　四年齊州禾合穗有一本三穗　五年七月辛未流星出于危　德州木連理　七年二月戊午星出敗瓜東南如太白流至虛東沒　紹聖二年正月丁未星出危西大如杯　三年齊州禾異畝同穎合秀至九穗　七月乙卯透雲星出危南如太白流至嶲北沒　徽宗崇寧元年夏淄州禾合穗　宣和七年八月己未有星出于危流至貫索沒

南宋高宗建炎三年山東郡國大饑人相食　紹興二年十一月

甲子太白與熒惑合於危　八年十一月丙午太白與塡星合於虛　十年十一月丁未太白與塡星合於危　十六年十一月庚寅彗星見西南危宿　二十年十一月甲午夜西南有白氣出危入昴　三十二年八月大蝗　孝宗隆興元年八月戊辰星出虛宿赤黃色流至牛宿西南沒　十二月壬午夜白氣見西南方出危宿　乾道元年十一月丙寅白氣出女宿歷虛危入昴宿止　六年三月戊午熒惑與太白合於危　淳熙六年十一月甲子熒惑與歲星合於危　光宗紹熙五年十二月辛未太白與塡星合於危　寧宗慶元四年八月甲戌火土合於虛　理宗紹定元年十月丁巳熒惑與塡星合於危　寶祐六年十一月甲戌塡星熒惑順行在危　淳祐十年十二月戊

戊太白與歲星合於危　景定三年四月庚子熒惑與歲星合於危

金章宗明昌二年十一月乙丑金木二星見在日前十三日方伏而順行危宿在羽林軍上壘壁陣下光芒燭天　三年大饑詔德州防禦使王擴賑貸饑民　宣宗貞祐三年十二月庚辰太白晝見於危八十有五日伏　興定五年正月山東行省蒙古綱奏慶雲見命圖以進　六月戊寅日將出有氣如火歷虛危東西不見首尾移時沒

元太宗十二年從免稅糧　世祖至元元年大水　二年八月鄒平進芝二本　五年四月歷城進芝十　淄川大水　十二月大水詔以米十二萬八千九百石賑之　六年正月鄒平進芝

二本　淄川大水　七年七月淄州饑　十月賑淄　十二月
復賑淄　十五年歷城進芝　二十二年秋河水壞民田　二
十九年三月般陽等郡隕霜殺桑　成宗元貞元年六月歷城
大清河水溢壞民居　大德二年二月辛酉歲星熒惑太白聚
危　五年十月辛卯夜有流星大如杯色赤尾長丈餘自北起
東行分爲二星前大後小相離尺餘沒於危宿　六年春正月
鄒平進芝一本五枝五葉色皆赤　七年四月隕霜殺麥　五
月蝗食麥　八年三月濟陽隕霜殺麥　九年三月般陽郡屬
縣隕霜殺桑　十年冬十二月山東饑遣尚書武鼎賑之　武
宗至大元年二月大饑　二年四月德州厭次般陽蝗　七月
德州厭次霪雨害稼　四年新城鄒皇濟水決　仁宗皇慶元

年三月般陽等郡大雨雪三日隕霜殺桑　延祐元年三月般陽大雨雪三日是月隕霜殺桑　六年六月大雨水害稼　七年四月乙巳蒙古軍饑　六月德州大雨水壞民田　英宗至治三年五月厭次齊東霪雨害稼　泰定元年六月霪雨水深丈餘漂沒田廬　二年五月德州歷城章邱淄川等縣蝗　致和元年六月雨水害稼　順帝元統二年三月山東霖雨水湧

至元三年饑　至正二年六月壬子山崩水湧癸丑夜山水暴漲衝東西二關流入小清河黑山天麻石固等寨及臥龍山水流入大清河漂沒民居無算　四年五月大雨二十餘日黃河暴溢平地水深二丈許延袤濟南八月歷城霖雨民饑相食

六年春二月歷城德州長清般陽大饑　是月地震七日乃

巳　七年三月地震有聲如雷天雨白毛　十二年二月乙酉
彗星長丈餘見于危　三月戊申夜不見星白氣蔽天凡三十
四月乃滅　四月丙子朔長星見虛危間其形如練長十數丈
四十餘日乃滅　六月白氣起危宿掃太微垣　十七年四月
大風雨雹　冬大饑人相食　十九年章邱鄒平二縣蝗五穀
不登　淄州蝗大饑　十月辛巳流星如桃大色黃潤後離一
尺又一小星相隨色赤尾跡通約長三尺餘起自危宿之東
二十年地震雨白毛　二十二年有白氣起危宿長五百丈掃
太微　二月乙酉彗見在危七度　二十三年六月庚戌星隕
於龍山入地五尺　冬無麥赤地千里　十月丙申自大名向
青齊有赤氣千里　二十六年六月霪雨害稼飛蝗蔽天所過

濤鑿盡平民大饑　九月甲辰孛星在虛初度　乙巳孛星出
紫微垣東南行經虛宿至壘壁陣西始滅　二十七年五月地
震雨白毛　淄川二月不雨至於六月蝗生
明太祖洪武二年正月詔以大旱民未甦蠲免山東稅糧　三年
三月庚寅免山東今年田租　五年四月己卯賑饑　六月蝗
賑饑免田租　六年秋八月水暴漲　七年六月旱蝗免租稅
八年四月乙巳歷城地震　十年大稔斗米七錢　十五年
春歷城西南隅井中龍見　四月壬辰免山東稅糧　十八年
七月旱　十一月乙亥蠲山東田租　二十年饑　十二月己
巳詔賑恤饑民　二十三年正月庚辰地震　十一月久雨傷
麥禾癸丑免被災田租　二十四年正月免魚課以濟饑饉復

免田租　二十五年洊饑　二十八年八月德州大水壞城垣

九月免秋糧　惠帝建文元年臨邑黑眚見　二年十一月

癸丑地震有聲　四年七月詔山東被兵州縣復徭役三年未

被兵者蠲租一年　成祖永樂元年夏蝗　五月地震有聲命

賑饑　九月命寶源局鑄農器給山東被兵窮民　二年七月

野蠶成繭有司以綿進獻　十一月歷城地震　三年五月蝗

八月蚜蝣生　四年八月蝗賑饑　十三年六月水溢壞廬

舍没田禾發粟賑之蠲田租　九月免被水災民徭役一年

十四年七月蝗免永樂十二年逋賦發粟賑之　二十年大水

七月免糧芻　二十一年八月免水災田租　仁宗洪熙元年

饑免今年夏稅及秋租之半　宣宗宣德七年五月至六月淫

雨傷稼　八年春旱遣使賑恤復賑饑免稅糧　九年七月蝗蝻覆地尺許傷稼　十年四月蝗蝻傷稼　英宗正統元年閏六月大水　七月霪雨傷稼　三年四月歷城烈風連日麥苗盡敗　五年十二月免被災稅糧　六年秋蝗　十一月免被災稅糧　七年四月免被災稅糧　八年十二月免復業民稅糧二年　九年閏七月大水　十四年夏蝗　代宗景泰元年德平饑德州大水人相食黑風晝晦　四月賑饑　六月免被災稅糧　二年八月霪雨害稼　十月免去年旱災夏稅三年正月樹介　四月甲申熒惑與歲星同犯危　六月蝗九月賑被災州縣　四年自五月至八月霪雨傷稼　十月免被災稅糧　五年春大雪數尺人畜凍死萬計　六月旱免夏

稅 八月大水十二月免秋糧 六年旱饑蠲稅糧 七年五
月恒雨運河水溢平原德平等縣被淹免稅糧及逋賦 英宗
復辟天順元年五月丙戌彗星見於危動搖指西南 七月大
雨閱月禾盡沒免夏稅 冬無雪饑民發塋墓斫道樹殆盡
二年四月蝗 十一月免秋糧 四年夏旱無麥 五年免被
災稅糧 十一月甲子太白熒惑合於虛 六年二月免被災
稅糧 五月饑 十月再免被災稅糧 七年自正月不雨至
於四月 八月水災賑之 八年二月丙午塡星歲星太白聚
憲宗成化四年無麥 六年夏旱大饑發粟賑之 七
年大饑淄川人相食 八年三月庚子黑氣起西北德州晝晦
九年三月甲午鄒平淄川長山臨邑陵平原等縣晝晦如夜

四月丁卯亦如之　八月旱蝗又大水民大饑人相食民茹草
木盡免稅糧發粟賑之　十年秋大稔斗米七錢　十三年饑
發粟賑之免被災稅糧　十四年又饑發粟賑之　七月水免
被災秋糧　十五年旱賑饑免秋糧　冬無雪　十六年九月
鄒平地震　二十年大[illegible]七月遣大臣祀岳鎮河瀆神祇
之　二十一年饑免被災稅糧　二十三年饑免被災稅糧
德平地震　孝宗弘治五年大饑　德平大水　淄川人相食
河決由大清河入海　六年淄川大稔麥生於不墾之田穀穗
熟薙而復秀　七年大稔　十二月丙寅有星見天江旁徐行
近斗至八年正月庚戌入危　八年九月德平城濠水暴溢
十年水賑饑　十一年旱免被災夏稅　十四年大水饑遣使

賑䘏免被災稅糧　十五年九月丙戌地震壞城垣民舍　十
六年自正月不雨至於六月饑發粟賑之　十七年免被災稅
糧　武宗正德元年鄒平產芝二本　四年淄川新城蝗　長
淸德平蟲生害稼　七年齊河飛蝗蔽天　六月黑眚見夜傷
人民皆擊銅器以自衞至冬乃息　八年齊河蝗　秋蝻生
十年冬十月德州德平李梅實　十二年六月德平霪雨害稼
九月己卯地震　十三年章邱淄川大水　長淸大旱　十
四年詔流民歸業者官給廩食廬舍牛種復五年　十五年八
月地震自府城以西尤甚　世宗嘉靖二年正月地震　秋旱
赤地千里殍殣載道　三年正月丙寅地震　三月旱平原蝗
蝻徧野　四年長淸大旱　九月山東疫死者四千一百二十

八人　五年齊河鴉巢生白雛　三月甘露降新城故尚書畢
亨墓　七年章邱長清齊東德平大蝗　夏新城無雲雷震
十年蝗　十一年免被災稅糧　十一月夜天星散落如雪其
光燭地　十二年十月九日丑時星隕如雨　十三年夏陵縣
平原雨雹大者如升斗小者亦過雞卵　十五年蝗饑免被災
稅糧　十七年正月上旬新城縣學宮前流火燒樹狀若千燈
久之不息　六月長淸星隕如雨　陵縣產嘉禾　二十年春
德州黃風蔽晦飲食以燈　二十一年閏五月淄川地震淫雨
經七月　二十二年長淸產紫芝二本　六月淄川地震　二
十三年四月丙子夜半天變如裂　十二月淄川地震　二十
四年春新城大疫　三月淄川嚴霜隕物　六月二日長山河

水溢壞城郭　淄川大水壞民廬舍　二十五年免被災稅糧
春夏淄川新城旱至於五月大蝗　二十六年五月二十五
日星隕如雨至寅時天鼓鳴有火光　六月二十九日夜淄川
地震　七月淄川德平風雨飄瓦拔木　二十八年春夏長山
淄川平原旱蝗　六月四日長山淫雨孝婦河溢害稼漂溺東
北兩關居民廬舍殆盡　二十九年三月德平黑風驟起屋瓦
皆飛　五月章邱淄川雨雹傷禾　十一月淄川雷　三十年
免被災稅糧　三十一年夏六月陵縣茄生一蒂五實　秋濟
陽德州陵縣大水　九月陵縣黑風驟起　三十二年饑發粟
賑之　三十三年淄川大疫饑人相食　三月德平雨麥有秋
三十四年三月二十七日長清晝晦　德州地震有聲自西

北而南　秋兗被災較烈　三十六年七月淄川縣風大雨三日壞民廬舍禾稼殆盡　三十七年五月長清邊家莊地裂六月淄川暴風雨雹大水浮耒耜於河堤柳樹上　秋平原黑風凡三至晝晦　三十八年夏大旱　四月十八日淄川雨雹深盈尺　三十九年二月二十三日淄川風霾竟日道路咫尺不能辨　四十年德州洊饑人民逃移疫尸載道黑風蔽天者三　四十一年二月乙亥德州九龍廟雨魚大者數寸　是年德州無麥夏大雨不止　四十二年齊河大雨水淹沒禾稼長清雨木冰　四十三年長清木介　四十四年長清木介四十日　四十五年臨邑諸生夏都家牝牛一產三犢　穆宗隆慶二年二月臨邑地震　夏德州大旱蝗　三年閏六月旱蝗

八月賑水災　冬免稅糧　四年淄川地震　新城蝗大水
五年五月齊東章邱濟陽大風雨壞屋拔木飄麥　其月十
二日德平雨雹尺餘傷稼　六月臨邑戒珠寺鸞神龜出　六
年正月新城雪深三尺夏旱至七月方雨　德州河決四處
神宗萬曆元年大旱至七月始雨　九月發粟賑之　二年五
月十四日新城黑風晝晦　六月德州河決　四年五月淄川
黑風自西北起發屋傷禾天地晦暝行人有吹去十數里者
五年淄川大旱蝗蝻食禾殆盡　六年齊河自五月不雨至於
七月　夏臨邑雨魚　淄川蚄生　八年三月甘露降於齊
河學宮　淄川大旱榆楊皮根殆盡　九年三月甘露復降於
齊河學宮　秋齊河大稔　十二月癸巳太白犯塡星入危

十一年八月淄川地震　德州大水復雨雹　十二年新城穀秀兩歧　十三年新城臨邑地震　淄川等縣大旱免田租之半　七月甘露降臨邑傅鳳原王氏塋柏　十四年春齊東隕霜民饑　夏淄川齊東長清新城大旱饑賑之　十一月庚辰熒惑犯填星於虛　十五年新城龍見　夏大旱免站銀一千五百兩發臨清德州倉粟賑之　十六年三月甘露降臨邑沙河村　四月九日臨邑地震　秋大水　長清隕霜殺菽　十七年長清雨雹傷麥　六月十日晴雷震死臨邑民趙豹　八月長清隕霜殺禾　九月臨邑雪　濟陽有年　十八年三月三日章邱齊東大風晝晦　十九年三月十三日章邱長清隕霜殺麥　夏德平大疫　二十一年饑發粟賑之　章邱曹濟

鎮民家有馬生駒　督府令旗及刀鎗頭皆火出且有聲　二十二年大水以米豆三萬六千石賑之　八月長清隕霜殺稼　二十三年五月臨邑雨雹盡作男女鳥獸形　六月二日濟陽赤風自西來壞瓦拔木　二十五年春河井溝瀆之水無風自沸諸縣皆然　四月章邱濟陽大雨雹　五月德州衛河澄清　是年河決平地大水　二十六年五月章邱東鋪鄉河崖菲蟄生廣長約七八里麥禾俱枯　二十八年大風雹擊死人畜傷禾稼　濟陽大疫　三十一年五月戊戌歷城大雨二龍鬬水中山石皆飛平地水高十丈　齊東河水大漲浸城　臨邑北郭外三官廟産芝先是縣民李焞妻因翁疾思味刲股爲羹以進翁甫入口知有異令埋是廟停楔下遂生芝之三　三十

二年九月辛酉歲星塡星熒惑聚於危　三十五年大水舜廟香泉發　六月濟陽齊東大水大淸河決浸濟陽城隍　三十七年蝗　五月歷城牛產犢雙頭三眼兩鼻二口　十二月頒山東稅銀三分之一賑饑民　三十八年夏大旱發粟賑之歷城縣民王啟亨家牛產一麟龍頭麕身牛蹄產時火起未幾死而火亦熄　四十一年正月新城地裂　秋歷城大稔　十月朔齊東天鼓鳴　四十三年正月地裂　三月大雪　六月歷城大旱東城樓獸噴烟三月不雨　八月霜晚禾盡傷州邑大饑人相食四境盜起詔發帑金十六萬倉粟十六萬石遣御史過庭訓賑之　四十四年四月蝗饑甚人相食蠲賑有差臨邑異火出大如斗烟直上二三丈遇行人疾逐至近乃止

四十五年齊東旱蝗　八月歷城地裂者二　九月山東星隕天鳴地裂　四十六年歷城齊河大稔斗米三十錢　四十八年省城雨土　鄒平地裂廣尺許長數丈數日復合齊東地震裂亦盈尺　熹宗天啟二年正月日暈於元枵之次　二十一日德平地震　二月癸酉地震　三月癸卯連震三日壞民居無數　四月歷城地復震秋又震　三年春隕霜殺桑　歷城地震　德平晝晦　夏歷城地出汁如血　冬新城牡丹華　四年二月三十日臨邑德平地震　五月歷城鸜鵒來巢　新城麥五歧　六月朔大雨雹饑發粟賑之　十月二十五日戌時天鼓鳴起東南迤西北如雷　五年夏四月五日歷城黑氣如霧震雷狂風發屋拔木晝晦　六月飛蝗蔽天苗禾俱盡

縣無新城有秋　六年六月丙子地震　七年七月三日歷城
大水南山村莊廬舍漂沒甚多大清河溢　章邱齊東大水
莊烈帝崇禎二年二月鄒平地震　夏甘露降新城曹村　三
年三月九日大風晝晦　六月淄川孝婦河水黃至長山始清
五年三月十二日黑風晝晦　十二月二十一日歷城大火
焚南關民舍數千間復燃城上箭簾風急飈火入城燬德府
朝房布政司官衙及民舍千餘家明湖草樹俱焦次日辰時舜
廟災　六年正月癸丑舜廟復災　四月十六日德州黑風晝
晦　七年正月朔先雨後雪霹靂大作　八年秋七月旱蝗
歷城民劉緯家產芝　九年六月歷城大雨雹殺西北鄉禾蔬
至盡　十一月十七日有星隕如斗西北天鼓鳴　十年六月

蝗章邱淄川牛疫　秋歷城淄川章邱虸蚄生　十一年二月
德平天降赤雪　三月鄒平禮部儒士李光成家馬產駒三足
前一後二圓耳六蹄　六月淄川旱　鄒平齊河歷城蝗　齊
東淄川鄒平向夕赤氣如火亘天凡三月　十二年九月二十
四日府城西南樓燬所貯炮火肆發震損民房數千間　歷城
齊河疫癘大作　十三年閏正月朔歷城雷電雨雪盈尺　五
月大旱饑樹皮皆盡發瘞齧以食　十四年春德州大疫　六
月大旱蝗　德州斗米千錢父子相食行人斷絕　冬桃李實
十五年德州大雨雹　鄒平城西南隅產芝三本　十六年
夏淄川雨雹一大者入地尺許以席覆之不盡　十一月丙午
地震　除夕雷雨大作　十七年春山東疫　三月九日雷雹

紅氛起映牆壁皆赤氣甚[illegible]

國朝

世祖章皇帝順治二年二月長山有黑氣自西北來聲如鼎沸咫尺莫辨移時乃息　三年三月七日陵縣平原晝晦　五月朔齊河雷火焚學宮大殿　四年正月朔長山雷震　濟陽獲文豹　五年夏大雨水新城水沒城及半淄川孝水范陽河並溢　六年秋齊東大稔　七年夏五月鄒平芝草叢生百餘本八年九年復生　大清河溢黃河決荊隆口潰張秋隄入大清河自長清東北流入齊河平地汪洋由禹城臨邑歷商河霑化等縣入海所經州縣廬舍田禾漂沒無數還河舟楫直抵灤口　八年秋鄒平河決漂沒民居萬計　平原河溢淹民田　十二月臨邑雷震

免歷年民欠錢糧　九年春臨邑隕霜殺麥　五月淄川雨雹大者如孟傷刈麥者　十年夏大雨水河復溢　十一年九月鄒平黄山有虎　十二年夏大旱蝗免歷年民欠錢糧　鄒平有牛生五足　十三年平原大有年　鄒平民家有狗生子猴身能吠　十五年秋鄒平張氏園松生赤果味甘似櫻桃十六年夏鄒平梁鄒鄉民婦一產四子

聖祖仁皇帝康熙元年正月新城大風晝晦　三年四月二十四日隕霜殺麥免田租　四年春饑免順治十八年以前民欠錢糧並發帑分賑　六月大旱飛蟲蔽天墜地如蟯螂有識之者曰此蓄諸也見之歲必凶　六年齊東大旱免田租　新城生員畢亮周運同李瀛爵家並龍見　德平桃李冬華　七年六月十七日地震有聲平歷

城馬山摧章邱山水暴發傷稼溺死附近居民七十餘人免田租　鄒平齊東陵縣平原等縣大水壞城垣民舍無算　淄川旱饑免田租并發銀米賑之　九年閏二月淄川地震　五月十一日歷城大雨雹豹突泉溢漂沒廬舍人畜無算　齊河平原饑發倉穀賑之　齊東復饑免田租　十二月鄒平井涸
十年旱蝗免六年以前民欠錢糧　齊河長清大饑發倉穀賑之　十一年五月歷城章邱淄川長清旱蝗　禹城鳳來巢
十二年正月二十五日長山大雪震雷　十三年大旱　四月三十日晝晦　十四年四月十二日鄒平淄川長清隕霜十八日復隕霜殺麥及桑　五月初六日鄒平大雨雹積尺許　十七年大旱　六月齊河地震　十八年七月二十八日地震且

饑免本年田租並發倉穀賑之　二十一年章邱淄川新城大旱六月始雨淄川長山大水漂沒田廬溺人畜淄川尤甚免田租　秋齊東淫雨小清河溢害稼　長山縣民李宏妻一產三男　二十二年淄川齊東大稔　新城大水免田租　十月初五日禹城地震　二十三年夏淄川齊東有麥　二十四年歷城長清嘉禾一莖四穗　齊東晚禾一莖三穗　冬禹城李梅實　二十五年歷城蝗過章邱七日夜免田租　二十六年七月淫雨四十日害稼免本年漕米　八月新城海棠桃杏仁蘋華二十七二十八年皆如之　二十九年正月朔齊河雨雹　三十一年夏大水鄒平害稼饑　德平麥雙歧穀三穗　三十二年夏大水長山河堤新城黃土崖並決　三十三年二月十

六日新城怪風鄒平尤甚壞城上睥睨　三十七年旱饑發倉穀賑之　四十年三月長山學宮泮池慶雲見　四十二年春大水饑免田賦　舜廟災　臨邑有麥　秋章邱大疫　是年多疽災　四十四年歷城旱饑發倉穀賑之　五月大風拔木晝晦　淄川大有年　四十六年歷城大旱有賑　鄒平民時尚文妻齊河民車有朋妻各一產三男　四十八年歷城進瑞穀一莖十穗　章邱有年　文廟鐘鼓自鳴　四十九年齊東民牛謙居妻一產三男　五十年五月白鵲見齊河西郊　五十二年長山歲稔麥兩岐　五十三年章邱大有年　鄒平春夏旱　長山秋稔　十二月長山雪深數尺　五十四年夏長山有麥　德州德平大水　六月長山河驟溢不爲災　五十

二
五年大水　長山有秋　五十八年德平水有賑　五十九年
六月德州地震　六十年歷城齊河旱發倉穀賑之　六十一
年大旱無麥饑發倉穀賑之　十月河決荊龍口水經大清河
入海

世宗憲皇帝雍正元年四月庚戌大風晝晦　淄川旱　蝗過齊河不
爲災　三年二月大水齊河濟陽九劇發倉穀免田賦　臨邑
大稔　齊河民甄養武妻一產三男　四年大水　德州麥有
秋　五年章邱大稔麥兩歧　淄川蝗不害稼　七年德州地
震　八年六月大雨水小清河決對門口禾稼傷發積穀免田
賦　冬長山地震　九年饑復大水　十年秋大熟穀多雙穗
平原旱　十一年旱二麥不登　平原德州水免田賦　十

二年齊河民劉紛妻新城民趙允中妻俱一產三男

高宗純皇帝乾隆元年鄒平長山蝗 七月望日平原地震 二年大水發倉穀免田賦 三年旱 秋淄川蚜蝻生 新城大雨雹 四年發倉穀賑之 五年秋大熟 六年旱新城獨水發倉穀蠲田賦 七年臨邑平原旱貸倉穀蠲田賦 八年德州平原臨邑大旱人有暍死者 十年大水 冬大雪塞塗 十二年濟陽德州德平平原大水有賑 冬章邱流星墜地有火光聲如雷 十三年五月歷城地震旱 秋濟陽水 新城武城饑幷免田賦 德州有秋 十四年章邱穀一本三穗 德州歲稔 十五年德州歲稔 八月德平桃李華 十七年臨邑雨魚大水 十九年歲大熟巨治河溢有龍鬬於淵漂沒田廬

無算　濟陽民賈含福妻谷氏一產三男　二十一年水饑　淄
長山地震有聲　二十四年旱蝗　二十五年歷城大稔　淄
川嘉禾生一莖數穗異畝同穎　二十六年饑　濟陽臨邑水
發倉穀賑之　二十七年歷城饑有賑　三十年三月二十二
日臨邑大風發屋拔木夜大雨雹鳥獸死者相枕籍　三十一
年水大饑發倉穀免田賦　新城民朱振連妻一產三男　三
十三年民間譌言有妖人割髮害人　秋章邱霪雨傷稼　三
十五年三月臨邑晝陰如雨天鼓鳴　秋大水　德平蝗不爲
災有秋　三十六年秋新城大水饑有賑　鄒平德平水小清
河決　三十七年淄川新城蝗　秋七月六日淄川孝婦河溢
溺死居民甚眾　三十八年正月新城有冰山起於北湖之青

冢月餘始消　夏麥有秋　三十九年夏秋旱蝗　四十年夏秋復旱蝗　德平大有年　八月二十一日新城天鼓鳴　四十三年新城臨邑德州旱無麥　九月新城桃李華民家產紫芝三本　十一月德州民趙桐妻崔氏一產三男　四十四年六月雨水害稼賑免濟糧　四十六年六月雨水害稼　秋小清河決　七月臨邑蝗食菽幾盡　九月桃李華　四十七年夏新城大風拔木　德州蝗秋旱至明年六月始雨　四十九年兩月旱蝗麥禾俱無大饑出貸倉穀　德平大有秋　五十年春旱有賑夏大熱秋稼不登緩徵　五十一年春饑五月大疫　章邱大有年　五十二年新城旱貸倉穀　五十三年章邱麥秀兩岐　五十五年正月初八日地震　三月十二日隕

霜殺麥　七月大雨水禾盡淹　運河決水溢禹城平原等縣平地深數尺免逋賦　五十六年正月初九日地震　秋德平雨上流河決水自臨邑入於南馬頰商津河　五十七年歷城旱大饑免漕糧　五十八年六月歷城飛蝗徧野忽有飛蟲啄蜂附於蝗背蝗立斃秋大熟　七月章邱鄒平臨邑蝗蝻害稼

五十九年三月初四日德平暴風　夏旱饑　臨邑地震

禹城麥雙岐　六十年蝗蝻生免逋賦及本年漕糧

仁宗睿皇帝嘉慶二年鄒平縣樊梅淸子婦一產三男　新城樓莊張氏墓產芝堅實如金　六年五月二十一日歷城新城雨雹

禹城運河決水至城下　秋長淸大水　八年新城民岳景妻一產三男　黃河決衡家樓入大淸河水溢平地數尺淹及長

淄邑蝗　九年正月新城有冰山起於青沙泊數日乃消
章邱新城蝗蝻生　禹城有秋　十年夏章邱旱　九月歷城
天雨血　十三年五月十二日夜府西門大街火災延燒市四
百餘家　八月初七日大雨雹　十五年正月十七日章邱新
城風霾晝晦　六月大水　錦繡川溢損毀莊田無算　八月
新城大風拔木雨雹　十六年春章邱大風晝晦　秋新城大
霧蟲生害菽豆　十七年春齊東營家廟演劇火起人爲列肆
所束不得散俄頃燒死數百人　十九年七月有螟　二十年
歷城近山處有狼患　秋長清大水崮山火　二十二年五月
歷城大雨雹　二十三年五月二十日夜半大雨水府城西南
趵突泉一帶漂沒廬舍無算民多溺死　二十四年黃河決馬

營霸入大清河水溢平地深數尺　十二月二十九日臨邑大雪數尺

皇帝道光元年夏秋大水民閒大疫死無算　二年八月舜廟井水溢由刷律巷達院前十餘日方止　三年正月朔歷城雪秋府城南有狼災學院署四照樓旁著草生是歲歷城大有年　五年六七月歷城大旱饑　秋九月章邱雨霰立冬後一日雷電六年正月晦日章邱地震　二月二十四日風霾晝晦麥枯得雨復生有秀兩歧者　夏長清旱　秋章邱柿園泉地桃重實如棗　七年二月二十四二十八日長清黑風自西北來晝晦

八年章邱有年　冬有牛疫　九年章邱新城蚜蚄害稼

十月章邱新城長清地震　十年四月二十二日歷城章邱新

城長清地震　章邱有麥　十月二十日臨邑地震　十一年
四月臨邑地震　秋章邱有年　冬歷城新城大雪平地二三
尺　新城監生王宸儉家產芝三莖大如扇　十二年二月歷
城新城天鼓鳴　臨邑旱二月不雨至於七月　六月歷城鄒
平新城旱　九月臨邑地震　十三年夏旱　冬大雪　十四
年四月新城大風折木

（清）胡德琳修
（清）李文藻等纂

【乾隆】歷城縣志

清乾隆三十八年（1773）刻本

歷城縣志卷第一

總紀一

濟南為山東首府歷城又十六州縣首縣也方四百餘里北距
京師九百三十里東至章邱縣界九十里西至長清縣界二十里南至泰安縣界一百里北至濟陽縣界五十里南直泰山其山皆分於泰山之長城嶺其著者曰歷山曰禹登曰琨瑞在縣之南曰玉函曰仙臺曰黃山曰玉符在西南曰白雲曰青桐曰梯子在東南曰華不注曰鵲曰藥皆在縣之北其水之最大者曰大清河經縣西

北境七十餘里縣之水能納衆水入之者曰玉曰濼曰巨合其湖曰大明曰白雲其地南境多犖确宜薪木東境多膏沃宜稼穡北境西境多陂澤多斥鹵砂礫宜蔬果葭葦下地間宜稻凡為田九千四百三十六頃有奇其錢糧分五等曰金銀銅錫鐵以上下其賦歲徵銀六萬四千二百兩有奇米萬二千二百石有奇雜稅銀五百四十兩有奇其俗南鄉之民多習樵牧東西鄉多務農桑北鄉多治蔬圃城內五方雜處多商多幕鎮之大者曰濼口其人多來自山西皆業鹽筴歷代以來其人物多武臣多文士此一縣之大畧也縣城肇於周漢拓

於唐至明初始為省治規制更備縣界之中得古城十有一曰鮑曰譚曰平陵曰臺曰歷下周城也曰東平陵曰營平曰巨合漢城也曰肥鄉魏城也曰營陵城也曰全節唐城也爰論次依古以來之大事著於篇

唐

虞

夏

縣地皆隸兗州青州

殷

縣地隸兗州營州

周

縣地隸兗州爲封國西界

幽王時譚大夫作大東之詩以刺亂 據鄭康成詩譜

丁亥 莊王三年春正月魯侯會齊侯於濼 見春秋桓公十八年

丁酉 十三年冬十月齊師滅譚譚子奔莒 見春秋莊公十年

齊侯之出也過譚譚不禮焉及其入也諸侯皆賀譚又不至冬齊師滅譚譚無禮也譚子奔莒同盟故也

左傳

辛未 定王十八年夏六月癸酉魯季孫行父臧孫許叔孫僑如公孫嬰齊帥師會晉郤克衛孫良夫曹公子首及

齊師戰於鞌齊師敗績見春秋成公二年

孫桓子如晉乞師臧宣叔亦如晉乞師晉侯許之七百乘郤子請八百乘許之郤克將中軍士燮佐上軍欒書將下軍韓厥為司馬以救魯衛季文子帥師會之師從齊師於莘六月壬申師至於靡笄之下齊侯使請戰曰子以君師辱於敝邑不腆敝賦詰朝請見對曰晉與齊衛兄弟也來告曰大國朝夕釋憾於敝邑之地寡君不忍使羣臣請於大國無令輿師淹於君地能進不能退君無所辱命齊侯曰大夫之許寡人之願也若其不許亦將見也齊高固入晉師桀石

以投人禽之而乘其車繫桑本焉以狗齊壘曰欲勇者賈予餘勇癸酉師陳於鞌邴夏御齊侯逢丑父為右晉解張御郤克鄭邱緩為右齊侯曰余姑翦滅此而朝食不介馬而馳之郤克傷於矢流血及屨未絶鼓音曰余病矣張侯曰自始合而矢貫余手及肘余折以御左輪朱殷豈敢言病吾子忍之緩曰自始合苟有險余必下推車子豈識之然子病矣張侯曰師之耳目在吾旗鼓進退從之此車一人殿之可以集事若之何其以病敗君之大事也擐甲執兵固即死也病未及死吾子勉之左并轡右援枹而鼓馬逸不

能止師從之齊師敗績逐之三周華不注韓厥夢子輿謂己曰且辟左右故中御而從齊侯邴夏曰射其御者君子也公曰謂之君子而射之非禮也射其左越於車下射其右斃於車中綦毋張喪車從韓厥曰請寓乘從左右皆肘之使立於後韓厥俛定其右逢丑父與公易位將及華泉驂絓於木而止丑父寢於轏中蛇出於其下以肱擊之傷而匿之故不能推車而及韓厥執縶馬前再拜稽首奉觴加璧以進曰寡君使羣臣為魯衛請曰無令輿師陷入君地下臣不幸屬當戎行無所逃隱且懼奔辟而忝兩君臣辱戎

士敢告不敏攝官承乏丑父使公下如華泉取飲鄭周父御左車宛茷為右載齊侯以免韓厥獻丑父郤獻子將戮之呼曰自今無有代其君任患者有一於此將為戮乎郤子曰人不難以死免其君我戮之不祥赦之以勸事君者乃免之齊侯免求丑父三入三出每出齊師以帥退入於狄卒狄卒皆抽戈楯冒之以入於衛師衛師免之遂自徐關入左傳

君不使乎大夫此其行使乎大夫何佚獲也其佚獲奈何師還齊侯晉郤克投戟逡巡再拜稽首馬前逢丑父者頃公之車右也面目與頃公相似衣服與頃

公相似代頃公當左使頃公取飲頃公操飲而至曰革取清者頃公用是佚而不反逢丑父曰吾賴社稷之神靈吾君已免矣郤克曰欺三軍者其法奈何曰法斮於是斮逢丑父春秋公羊傳

按注曰斮斬也與左傳互異並載之以備考

甲辰靈王十五年晉伐齊齊靈公與戰歷下齊師敗晉遂追至臨淄而歸見司馬遷史記晉世家

靈公二十七年晉使中行獻子伐齊齊師敗史記齊世家

壬子敬王三十一年八月齊陳乞還其君荼于賴見左傳哀公六年

秋齊景公卒八月陳僖子使召公子陽生冬十月丁卯立之使胡姬以安孺子入賴去鬻姒見左傳哀公六年

丁巳　敬王三十五年夏晉趙鞅帥師伐齊侵及賴見左傳哀公十年

夏趙鞅帥師伐齊取犁及轅毀高唐之郭及賴而還同上

秦

丙子　秦始皇二十二年秦兵次於歷下見史記田完世家

己卯　二十六年秦兵擊齊齊王聽相后勝計不戰以兵降秦秦虜王建遷之共遂滅齊為郡同上

二十六年齊王建與其相后勝發兵守其西界不通秦秦使將軍王賁從燕南攻齊得齊王建（史記秦始皇紀）

按歷下齊西界也世家云降秦紀云不通秦史記一書多自相牴牾如此

癸巳 二世元年九月田儋自立為齊王略定齊地（見史記秦始皇紀出儋傳並徐廣註）

漢

乙未 漢高祖三年使酈食其說齊王田廣罷歷下兵韓信遂襲破齊齊王東走高密（見史記高祖紀及酈食其傳）

淮陰侯方東擊齊酈生曰今田廣據千里之齊田閒

將二十萬之衆軍於歷城雖遣數千萬師未可以歲月破也臣請得奉明詔説齊王稱東藩上從其畫使酈生説齊王田廣以為然罷歷下兵守戰備與酈生日縱酒淮陰侯聞酈生伏軾下齊七十餘城迺夜度兵平原襲齊齊王田廣聞漢兵至以為酈生賣已迺烹酈生引兵東走史記酈食其傳淮陰侯列傳同

齊初使華無傷田解軍於歷下以距漢漢使至乃罷守備韓信用蒯通計襲破齊歷下軍因入臨淄齊王烹酈生東走高密史記田儋列傳

戊戌六年封東郡尉戴野為臺侯見史記高祖功臣年表

諸侯王凡傳國若干世詳見封建表

乙丑 文帝四年封齊悼惠王子信都為營侯 見史記

丁丑 十六年分齊郡別為濟南國封齊悼惠王子辟光為濟南王 見班固漢書地理志及高五王傳

文帝憐悼惠王適嗣之絕乃分齊郡為六國盡封悼惠王子列侯見在者六人齊孝王將閭濟北王志菑川王賢膠東王雄渠膠西王卬濟南王辟光孝文十六年六王同日俱立 漢書齊悼惠王傳

丁亥 景帝三年正月吳王濞膠西王卬楚王戊趙王遂濟南王辟光菑川王賢膠東王雄渠皆舉兵反遣太尉周

亞夫大將軍竇嬰將兵擊之二月諸將破七國追斬吳王濞於丹徒濟南王辟光等皆自殺國除復為郡見漢書景帝紀及地理志

孝景三年吳楚反膠東膠西菑川濟南皆發兵應吳楚欲與齊齊孝王狐疑城守不聽三國兵共圍齊漢將欒布平陽侯等兵至齊擊破三國兵解圍膠東膠西濟南菑川王皆伏誅國除漢書齊悼惠王傳

戊申　宣帝本始元年後將軍趙充國以定策功封營平侯見漢書外戚恩澤侯表

丙子　元帝初元四年東平陵王伯墓門梓柱卒生枝葉上

出屋見漢書五行志

乙丑後漢光武帝建武五年二月遣耿弇率二將軍討張步十月耿弇等與張步戰臨淄大破之步降齊地悉平見范蔚宗後漢書光武帝紀

步琅邪人漢兵起聚衆數千據本郡遣將狗太山東萊城陽膠東北海濟南齊郡諸郡皆下之建武五年聞帝將攻之以其將費邑為濟南王屯歷下冬建威大將軍耿弇破斬費邑進拔臨淄後漢書張步傳

弇進討張步從朝陽橋濟河以度步使其大將軍費邑分遣弟敢守巨里弇進兵先脅巨里使多伐樹木

揚言以填塞坑塹數日有降者言邑聞弇欲攻巨里謀來救之弇乃嚴令軍中趣修攻具宣勑諸部後三日當悉力攻巨里城陰緩生口令得亡歸歸者以弇期告邑邑至日果自將精兵三萬餘人來弇喜謂諸將曰吾所以修攻具者欲誘致邑耳今來適其所求也即分三千人守巨里自引精兵上岡阪乘高合戰大破之臨陳斬邑既而收首級以示巨里城中城中兇懼費敢悉衆亡歸張步弇復收其積聚縱兵擊諸未下者平四十餘營遂定濟南後漢書耿弇傳

己亥　十五年四月封皇子康為濟南公見後漢書光武帝紀及郡國志

庚子　十七年十月進濟南公爵為王復以濟南郡為濟南

國同上

甲寅　三十年幸濟南同上

乙酉　章帝元和二年東巡狩辛未幸泰山戊寅進幸濟南

後漢書章帝紀

丙辰　安帝元初三年正月丁丑東平陵樹連理　二月東

平陵有瓜異處共生八瓜同蒂見沈約宋書符瑞志

按後漢書安帝紀元初三年正月東平陸上言木

連理與此不同

甲子　延光三年二月戊子鳳凰集臺縣丞霍收舍樹上賜

臺長帛五十匹丞三十匹尉半之吏卒三匹鳳凰所過亭部無出今年田租賜男子爵人二級見後漢書安帝紀

漢安帝延光三年東巡二月戊子鳳凰集濟南臺縣丞霍收舍樹上賜臺長嶷帛十五匹收二十匹尉半之宋書符瑞志

九月辛亥黃龍見歷城見後漢書安帝紀五行志同

丙寅　順帝永建元年六月封濟南王錯子顯為濟南王後漢書順帝紀

癸巳　桓帝永興元年五月濟南王廣薨無子國除桓帝紀

甲寅　靈帝熹平三年封河間利王子康為濟南王奉孝仁

皇祠 後漢書靈帝紀

甲子 中平元年春張角弟子濟南唐周上書告角 見司馬光資治通鑑

丁未 獻帝建安十二年十月黄巾賊殺濟南王贇 後漢書獻帝紀

按後漢書注贇河間孝王五代孫

魏平蜀徙蜀豪將家於濟河立濟岷郡 見宋書州郡志

按平蜀在炎興元年立濟岷郡年未詳

丙申 魏邵陵厲公正始七年任城王彰子楷徙封濟南三千户并增邑四千四百户 見馬端臨文獻通考

晋

乙酉　武帝泰始元年封皇子遂為濟南王見房喬等晉書武帝紀

遂傳子耽耽傳弟緝國除晉書

戊子　四年九月大水晉書武帝紀五行志同

庚子　太康元年五月雨雹傷禾麥三豆晉書五行志

辛丑　二年二月辛酉隕霜傷麥五月暴風折木傷麥見晉書五行志

壬寅　三年閏月癸丑白龍二見歷城見晉書武帝紀及宋書符瑞志

戊寅　元帝泰興元年八月蝗晉書元帝紀

壬寅　成帝咸康八年濟南平陵城北石獸一夜中忽移在城東南善石溝上有狼狐千餘跡隨之迹皆成路晉書載記

按石獸本作石虎唐時避太祖廟諱改稱

劉宋

癸亥 營陽王景平元年春正月庚申檀道濟軍於彭城魏叔孫建入臨淄城邑皆潰竺夔聚民保東陽城濟南太守垣苗棄歷城帥衆依夔見通鑑及胡三省音注

庚午 文帝元嘉七年十一月遣征南大將軍檀道濟拒魏

辛未 八年二月滑臺陷道濟於歷城引軍還見李延壽南史宋文帝紀及宋書檀道濟傳

元嘉八年到彥之侵魏已平河南後失之道濟都督征討諸軍事北略地轉戰至濟上魏軍盛遂克滑臺

道濟時與魏軍三十餘戰多捷軍至歷城以資運竭乃還時人降魏者俱說糧食已罄於是士卒憂懼莫有固志道濟夜唱籌量沙以所餘少米散其上及旦魏軍謂資糧有餘故不復追南史檀道濟傳

到彥之寇河南詔道生屯河上以禦之遂誘檀道濟邀其前後追至歷城而還見魏收魏書長孫道生傳

蕭承之元嘉初爲濟南太守七年到彥之北伐破青部諸郡國別帥安平公乙旃眷寇濟南承之率數百拒戰退之敵衆大集承之使偃兵開城門衆諫曰何輕敵之甚承之曰今日懸守窮城事已危急若復

示弱必為所圖惟當見彊待之耳敵疑有伏兵引去

見蕭子顯南齊書高帝紀

壬午九年分青州立冀州治歷城見宋書州郡志及杜佑通典

庚辰十七年八月大水見宋書文帝紀

丙戌二十三年魏攻冀州刺史申恬於歷城青州刺史杜驥使其府司馬夏侯祖歡等將兵救歷城見通鑑

庚寅二十七年六月乙卯白雀見濟南薛榮以獻宋書符瑞志

七月遣輔國將軍蕭斌之率衆六萬攻濟州刺史王買得棄州走斌之遂入城九月魏主南伐十月至東平蕭斌之棄濟州退保歷城見魏書太武帝紀太平真君十一年

辛卯 二十八年 江夏王義恭以碻磝不可守召王玄謨還歷城魏人追擊敗之遂取碻磝見通鑑

壬辰 二十九年 秋七月諸軍攻碻磝治三攻道累旬不拔八月丁卯蕭思話命諸軍皆退屯歷城 八月詔思話領冀州刺史鎮歷城見通鑑

癸巳 三十年 春三月丁酉武陵王至尋陽移檄討劭兗冀二州刺史蕭思話自歷城引部曲還平城起兵以應尋陽建武將軍垣護之在歷城亦帥所領赴之見通鑑

年饑見宋書文帝紀

乙未 孝武帝孝建二年移青州治歷城見宋書州郡志

垣護之孝建二年督青冀二州諸軍事寧遠將軍青冀二州刺史鎮歷城明年進號寧朔將軍進督徐州軍事世祖以歷下要害欲移青州并鎮歷城議者多異護之曰青州北有河濟又多陂澤非敵所向每來寇掠必由歷城二州并鎮此經遠之略也北又近河歸順者易近息民患遠申王威安邊之上計也由是遂定（宋書垣護之傳）

辛丑　大明五年五月癸未白雀二見濟南青州刺史劉道隆以獻（見宋書符瑞志）

甲辰　八年青州刺史移歷城治還治東陽（見宋書州郡志）

元魏

癸巳 文成帝興安二年封拓拔麗為濟南王旋賜死國除見魏書文成帝紀

丁未 獻文帝皇興元年正月冀州刺史崔道固遣使請舉州内屬三月道固復叛慕容白曜討之 八月攻歷城

戊申 二年春二月癸未崔道固舉城降魏書顯祖獻文帝紀

道固為冀州刺史鎮歷城宋明帝立道固推立廢帝弟子勛敗乃歸魏獻文帝以為南冀州刺史宋明帝遣說道固以為徐州刺史復歸宋皇興初獻文詔征南大將軍慕容白曜討道固道固面縛請罪白曜送

赴都詣恕其死乃徙齊士望共道固守城數百家於
桑乾立平齊郡於平城西北新城道固為太守北史崔道
固傳
慕容白曜南征酈範為左司馬軍達升城青州刺史
沈文秀遣將奉牋歸款請軍接援白曜將遣偏師赴
之範曰文秀擁衆數萬勁甲堅城竟何所畏已求援
軍且幣厚言甘誘我也若不遠圖懼虧軍實未若先
守歷城平盤陽下梁鄒剋樂陵然後揚旌直進何患
不壺漿路左以迎明公哉白曜曰道固孤城裁能自
守盤陽諸戍勢不野戰文秀意在先誠天與不取後

悔何及範曰歷城足食足兵非一朝可拔文秀既據東陽為諸城根本多遣軍則歷城之固不立少遣衆則無以懼敵心脱文秀閉門拒守梁鄒諸城追擊其後腹背受敵進退無途願更審思勿入賊計白曜乃止魏書鄒範傳

冀州刺史崔道固遣使内附既而復叛白曜自瑕邱進攻歷城為書以喻之道固固守不降白曜築長圍以攻之二年道固降白曜釋而禮之送京師乃徙城内民望於下館置平齊郡懷寧歸安二縣以居之魏書慕容白曜傳

崔道固起兵應劉子勛法壽於清河太守王元邈起兵西屯合討道固累破道固軍甚為歷城所憚（魏書房法壽傳）

崇吉為并州刺史戍升城白曜遣人招之崇吉不降白曜遂築長城圍三重日夜攻擊崇吉突圍出走後與法壽俱降及立平齊郡以歷城民為歸安縣崇吉為縣令（魏書房崇吉傳）

己酉三年封慕容白曜為濟南王（見魏書獻文帝紀）更名宋冀州為齊州復置東魏郡治歷城有蠡吾聊城肥鄉臨邑等縣（見魏書地形志）

按鑿吾等縣以其山水考之多涉今縣地故載之

辛亥 孝文帝延興元年十一月妖賊司馬小君聚衆反於平陵徐州刺史武昌王平原討擒之 魏書孝文帝紀

丁巳 承明元年八月徐州獻嘉禾 魏書靈徵志 十月濟南公托拔羅拔進爵為王 見魏書孝文帝紀

己未 太和三年九月齊州獻嘉禾 魏書靈徵志

按樂史太平寰宇記云靈武縣本漢富平縣後魏太和初平三齊後徙歷下人處於此遂有歷城之名後周因置歷城郡於此事不知在太和幾年姑附於此

庚辰宣武帝景明元年七月齊州獻嘉禾魏書靈徵志九月齊州民柳世明聚衆反十月齊兗二州討世明平之魏書世宗宣武帝紀

辛巳二年二月辛亥隕霜殺桑麥同上青齊徐兗餓死萬餘人魏書天象志

乙酉正始二年三月丁丑大雹雨雪四月隕霜六月齊州獻嘉禾魏書靈徵志

丙戌三年三月齊州獻白雉同上

辛卯永平四年二月大饑遣使賑恤見魏書宣武帝紀

癸巳延昌二年五月齊州獻白鹿魏書靈徵志

甲午　三年十月齊州甘露降同上

丙申　孝明帝熙平元年六月虸蚄害稼同上

丁酉　二年九月城歷城見魏書孝明帝紀

庚子　正光元年十一月濟南靈壽山木連理魏書靈徵志

乙巳　孝昌元年二月齊州魏郡民房伯和聚衆反會救見魏書孝明帝紀

丁未　孝昌三年二月丁未追復故東平公匡爵改封濟南王見魏書孝明帝紀

馬日珍移東魏郡治於臺城見魏書地形志及太平寰宇記

戊申　孝莊帝永安元年五月己巳齊州郡民賈結聚衆反

夜襲州城會明退走　六月幽州北平府主簿河間邢杲率河北流民十餘萬户反於青州之北海以征東將軍李叔仁討之十月李叔仁討邢杲於濰水失利而還十二月詔行臺於暉回師討邢杲次於歷下見魏書孝莊帝紀

己酉　二年四月上黨王天穆齊獻武王大破邢杲於濟南杲降送至京師斬於都市同上

庚戌　三年十二月齊州城人趙洛周據西城反應爾朱兆刺史丹陽王蕭贊棄城走同上

出帝永熙初韓子熙以奉冊之故封歷城縣開國子食邑五百户見魏書韓子熙傳

丙子 高齊文宣帝天保七年改東魏郡爲濟南郡還治歷城塋城廢見樂史太平寰宇記

戊寅 九年有龍長七八尺見齊州大堂魏徵等隋書五行志

壬午 武成帝河清元年四月青州刺史上言今月庚寅河濟清李延壽北史武成帝紀

癸未 二年六月齊州上言濟河水口見八龍升天同上

已亥 宇文周宣帝宣政元年五月以齊州濟南郡爲陳國邑一萬户令陳王純之國北史宣帝紀

隋

辛丑 文帝開皇元年封柳敏爲濟南公見隋書文帝紀　廢濟南

郡（見隋書地理志）

甲辰　四年正月水（隋書高祖文帝紀）

甲寅　十四年十二月乙未東巡狩十五年正月壬戌車駕次齊州親問疾苦（同上）

丙辰　十六年置營城縣（見隋書地理志）

煬帝大業初置齊郡廢營城縣入章邱（同上）

己巳　大業五年饑（隋書五行志）

辛未　七年秋大水民相賣為奴婢（隋書煬帝紀）

壬申　八年大旱（隋書五行志）

丁丑　十三年左才相起齊郡號博山公　王薄據齊郡（隋書）

煬帝紀

唐

戊寅 高祖武德元年改齊郡為齊州明年平陵縣民李義滿以縣來降於平陵置譚州并置平陵縣以章邱亭山營城隸之 見劉昫唐書歐陽修宋祁新唐書地理志

壬午 五年三月戊戌譚州刺史李義滿殺齊郡都督王薄 新唐書高祖記

乙酉 八年省營城入平陵 新唐書地理志

丁亥 太宗貞觀元年廢都督府及譚州省源陽縣以廢譚州之平陵臨濟亭山章邱四縣屬濟南 見唐書地理志

癸巳七年復置都督府管齊青淄萊密五州同上八月大水遣使賑恤見唐書太宗紀

甲午八年七月大水遣使賑恤同上

癸卯十七年齊州都督齊王祐據齊州自守詔兵部尚書李勣發兵討之兵未至兵曹杜行敏執之而降遂賜死於内侍省給齊州復一年改平陵縣為全節縣見新舊唐書太宗紀及地理志

祐太宗第五子貞觀十年封齊王授齊州都督其舅尚乘直長陰宏智謂祐曰王兄弟既多上百年之後須得武士自助乃引其妻兄燕宏信謁祐祐接之甚

厚令潛募劍士初太宗以子弟成長慮乖法度長史司馬必取正人王有虧違皆遣聞奏而祐溺情羣小尤好弋獵長史薛大鼎屢諫不聽太宗以大鼎輔導無方竟坐免以權萬紀爲長史萬紀見祐非法常犯顏切諫有昝君謩梁猛彪者並以善騎射得幸於祐萬紀斥逐之而祐潛遣招延狎暱愈甚太宗數以書責讓祐萬紀恐并獲罪謂祐曰陛下欲王改悔故加教訓若能飭躬行過萬紀請入言之祐因附表謝罪萬紀既至言祐必能改過太宗意稍解賜萬紀而仍以祐前過勅書誥誡之祐聞萬紀勞勉而獨被責以

為賣已意甚不平萬紀性又褊隘專以嚴急維持之城門外不許祐出所有鷹犬並令放解又斥出君謩猛彪不許與祐相見祐及君謩以此銜怒謀殺萬紀會事洩萬紀悉收繫獄而發驛奏聞十七年詔刑部尚書劉德威往按之并追祐及萬紀入京祐大懼俄而萬紀奉詔先行祐遣燕宏信兄宏亮追於路射殺之君謩等勸祐起兵乃召城中男子年十五以上僞署上柱國開府儀同三司開官庫物以行賞驅百姓入城繕甲兵署官司其官有拓東王拓西王之號詔遣兵部尚書李勣與劉威便道發兵討之祐每夜引

宏亮等對妃宴樂以為得志語及官軍宏亮曰不須憂也祐愛信宏亮聞之甚樂太宗手詔祐曰吾常誡汝勿近小人正為此也往是吾子今為國讎吾上慚皇天下愧后土知復何云書畢為之灑泣時李勣等兵未至齊境而青淄等數州並不從祐之命祐又傳檄諸縣亦不從或勸祐虜城中子女走入豆子䴚為盜計未決而兵曹杜行敏謀執祐夜鑿垣而入祐與宏亮等五人披甲控弦入室自固行敏列兵圍之謂祐曰昔為帝子今為國賊行敏為國討賊更無所顧汗不速降當為煨燼命薪草欲積而焚之祐遂出就

擒餘黨悉伏誅行敏送祐至京賜死於内省貶爲庶人唐書庶人祐傳祐喜養鬬鴨方來反狸齧鴨四十餘絶其頭而去及敗牽連誅死者四十餘人同上

貞觀十七年齊王祐起兵平陵人不從順遂改爲全節唐書地理志

庚戌 高宗永徽元年大水見唐書高宗紀

丙子 上元三年八月大水見新唐書五行志

庚辰 永隆元年大水溺死者甚衆

丁丑 武后垂拱三年饑

辛丑 大足元年饑

丙午 中宗神龍二年旱饑 以上俱見新唐書五行志

癸丑 元宗開元二年封棣王琰子俊王濟南 見文獻通考

甲寅 三年水 見新唐書五行志

甲子 十三年青齊斗米五錢 司馬光稽古録

壬午 天寶元年改齊州為臨淄郡 見唐書地理志

丙戌 五載復改臨淄為濟南郡 同上

乙未 十四載冬十月安祿山以張通晤為睢陽太守與陳留長史楊朝宗將胡騎千餘東略地濟南太守李隨起兵拒之 見通鑑

戊戌 肅宗乾元元年改濟南郡復為齊州同上

己亥 二年秋九月史思明陷齊州新唐書肅宗紀

乙丑 德宗貞元元年饑斗米千錢唐書德宗紀

戊辰 四年地生毛新唐書德宗紀

庚午 憲宗元和十五年以全節縣户口凋殘省入歷城見新舊唐書地埋志

己未 文宗開成四年黑蟲食田蝗害稼都盡新舊唐書五行志

庚申 五年夏螟蝗害稼新唐書五行志

壬午 懿宗咸通三年五月蝗旱民饑唐書懿宗紀

乙卯 昭宗乾寧二年十一月壬申齊州刺史朱瓊叛附於

朱全忠 新唐書昭宗紀

宋

壬戌 太祖建隆三年大旱生蝗 脫脫等宋史五行志

癸亥 乾德元年饑

丙寅 四年八月齊州河決

己巳 開寶二年水害秋苗

辛未 四年七月水傷田 以上俱宋史五行志

甲戌 七年春齊州野蠶成繭 見宋史太祖紀

己丑 太宗端拱二年齊州民徐美產三男 宋史五行志

辛卯 淳化二年冬旱 見宋史太宗紀

壬辰　三年七月蝗同上

丙申　至道二年七月蝗同上

太宗本紀云至道二年七月齊州蝗抱草死宋史五行志

戊戌　真宗咸平元年七月齊州清黄河泛溢同上

庚子　三年赦齊州罪人非持杖刼盗謀故殺枉法贓十惡至死者並釋之宋史真宗紀

癸丑　神宗熙寧七年建閔子祠見蘇轍欒城集

己未　神宗元豐二年齊州禾一莖九穗宋史五行志　秋七月封龍洞神為順應侯據宋勅碑

癸未　六年禾二本合穗見宋史五行志

丙子 哲宗紹聖三年齊州禾異畝同穎合秀至九穗同上

戊申 高宗建炎二年正月以劉豫知濟南府十二月金人犯濟南劉豫以城降宋史高宗紀

劉豫字彥遊景州阜城人舉進士元符中登第政和二年召拜殿中侍御史宣和六年判國子監除河北提刑金人南侵豫棄官避亂儀真豫善中書侍郎張慤建炎二年正月用慤薦除知濟南府是冬金人攻濟南豫遣子麟出戰敵縱兵圍之數重郡倅張東益兵來援金人乃解去因遣人啗豫以利豫遂蓄反謀殺其將關勝率百姓降金百姓不從豫縋城納欵豈

年三月兀术聞高宗渡江乃徙豫知東平府以麟知濟南府界舊河以南俾豫統之四年七月丁卯金人遣大同尹高慶裔知制誥韓昉冊豫為皇帝國號大齊都大名府先是北京順豫門生瑞禾濟南漁者得鱣豫以為已受命之符遣麟持重寶賂金左監軍撻辣求僭號撻辣許之乃命慶裔昉備璽綬寶冊以立之九月戊申豫即偽位赦境内奉金正朔以子麟為大中大夫提領諸路兵馬兼知濟南府自以生景州守濟南節制東平僭位大名乃起四郡丁壯數千人號雲從子弟宋史劉豫傳

金

壬戌 熙宗皇統二年大熟見脫脫金史五行志

丁丑 海陵正隆二年秋蝗見金史海陵紀五行志

丙申 世宗大定十六年旱蝗同上

壬子 章宗明昌二年秋旱饑見金史章宗紀及五行志

甲寅 四年大稔見金史五行志

甲子 泰和四年旱見金史章宗紀

庚午 永濟大定二年四月大旱至六月雨復不止民間斗米至千餘錢見金史五行志

辛未 三年二月大旱同上

壬申 崇慶元年旱同上

丁丑 宋寧宗嘉定十年 金宣宗興定元年 金濟南等州賊並起皆劉二祖餘黨劉勢遣完顏霆率兵討之薛應旂宋元通鑑

己卯 宋寧宗嘉定十二年 金宣宗興定三年 六月金元帥張林以青莒密登萊濰淄濱棣海寧濟南十二州歸宋授林京東安撫總管宋史李全傳 七月李全引兵至齊州知州王贇以城降郡人周馳死之見宋史寧宗紀及元好問中州集 按金史宣宗紀王贇據濟南在興定四年八月與此不同

辛巳 宋寧宗嘉定十四年十月復以齊州為濟南府十一

月京東安撫使張林叛以京東諸郡降元見宋史寧宗紀及宋濂等

元史太祖紀

木華黎分兵略定河北衛懷孟州入濟南時金兵屯黃陵岡號二十萬遣兵二萬襲濟南木華黎以輕兵五百擊走之辛巳京東安撫使張林來降以林行山東東路益都滄景濱棣等州都元帥府事元史木華黎傳

按元史太祖紀八年秋帝與皇子拖雷取泰安濟南等郡是宋嘉定六年元已取濟南郡矣豈不守而去至是乃復取耶

歷城縣志卷第一終

歷城縣志卷第二

總紀二

元

庚寅太宗二年十一月始置十路徵收稅課使以田木西李天翼使濟南元史太宗紀

丙申八年詔以中原諸州民戶分賜諸王貴戚野苦盏都濟南二府戶內撥賜同上

己亥十一年災免稅糧同上

壬戌世祖中統三年二月己丑李璮反詔發兵討之命諸王合必赤總督諸軍會濟南壬子李璮據濟南三月史

樞阿术各以兵赴濟南遇李璮軍邀擊大破之璮退保濟南夏四月大軍樹柵鑿塹圍璮於濟南五月築環城圍濟南璮不得復出秋七月甲戌李璮窮蹙入大明湖水中不即死獲之伏誅元史世祖紀

李璮小字松壽濰州人李全子也太宗十六年全叛宋舉山東州郡歸附拜全山東行省太祖三年全攻宋揚州敗死璮遂襲為益都行省專制山東者三十餘年前後所奏凡數十事皆恫疑虛喝挾敵國以要朝廷而自為完繕益兵計初以其子彥簡質於朝璮潛為私驛自益都至京師質子營至是彥簡遂用私

驛逃歸璮遂反以漣海三城獻於宋殲蒙古戍兵引麾下與舟還攻益都入之發府庫以犒其黨遂寇蒲臺民聞璮返皆入保城郭或奔竄山谷自益都至臨淄數百里寂無人聲帝遣諸軍討璮璮盜據濟南史樞阿朮帥師赴濟南璮率衆出掠輜重將及城官軍邀擊大敗之璮退保濟南五月庚申築環城圍之甲戌圍合璮自是不得復出猶日夜拒守取城中子女賞將士以悅其心且分軍就食民家家賦之人情潰散璮不能制各什伯相結縋城以出璮知城且破乃手刃愛妾乘舟入大明湖自投水中水淺不得死為

官軍所獲縛至諸王合必赤帳前丞相史天澤言宜即誅之以安人心遂與蒙古軍官囊家並誅焉元史李璮傳

張宏範中統三年從親王合必赤討李璮於濟南營城西璮出軍突諸將營獨不向宏範宏範曰我營險地璮乃示弱於我必以奇兵來襲謂我勿悟也遂築長壘内伏甲士而外為壕開東門以待之夜令士卒浚壕益深廣璮不知也明日果擁飛橋來攻未及岸軍陷壕中得跨壕而上者突入壘門遇伏皆死降兩賊將元史張宏範傳

李璮叛史樞從叔天澤討之城西南有大澗亘歷山樞一軍獨當其險夾澗而壘木柵於澗中渠雨暴漲木柵盡壞樞曰賊乘吾隙俟夜必出命作葦炬數百置城上三鼓賊果至飛炬擲之風怒火烈弓弩齊發賊衆大潰（元史史樞傳）

李璮反據濟南文蔚以麾下軍圍其南面春秋力戰城破璮誅奏功還（元史董文蔚傳）

九月勅濟南官吏凡軍民公私逋負權閣無徵閏月民饑發粟三十萬賑之（元史世宗紀）

癸亥四年招諭濟南流民（同上）

甲子至元九年大水元史五行志

乙丑八月雨雹元史五行志

戊辰五年十二月大水免今年田租见元史世宗纪及五行志

己巳六年十一月饑元史五行志

庚午七年七月旱蝗免军户田租　九月饑敕济南酒税以十之二收粮见元史世祖纪

壬申八年六月蝗元史五行志

丁丑十四年五月水旱除河泊课听民自渔十二月赈饑元史世祖纪

戊寅十五年四月县进芝见元史五行志　六月升济南府为济

南路元史世祖紀

己卯十六年二月遣官覈實益都濟南逃亡荒地之爲行營牧地者同上

乙酉二十二年秋河水壞田元史五行志

丙戌二十四年封也只里為濟南王見元史

戊子二十五年七月諸王也真部曲饑分五千户就食濟南保定路元史世祖紀

己丑二十六年隕霜殺麥見府志　秋七月雨害稼免田租見元史世祖紀

壬辰二十九年霜殺桑元史五行志　六月蝗同上

乙未 成宗元貞元年六月大清河水溢壞民居見元史成宗紀及五行志

丁酉 大德元年水旱見元史成宗紀

戊戌 二年四月蝗見元史五行志

辛丑 五年六月水同上

壬寅 六年五月大水同上

癸卯 七年四月隕霜殺麥　五月蝗蝝食麥大水元史成宗紀五行志同

戊申 武宗至大元年二月大饑遣宣慰使王佐賑之見元史武宗紀　五月雨雹　六月大饑

按五行志作四月濟南風雹

己酉二年六月以益都濟南般陽三路屬宣慰司餘並令直隸省部　七月蝗以上俱見元史武帝紀

丙辰仁宗延祐三年二月饑給糧兩月元史仁宗紀

己未六年六月大雨水害稼　九月饑同上

延祐六年己未齊地大饑父子相食欽銜命賑卹濟南六縣洎鹺竈饑民嘗以勸率富民出粟太多賑濟太廣見責於憲府時官僚有幸此凶歲捐升斗以鬻子女舉曰過房恐鞏以北欽則訪鬻子者為贖還之于欽齊乘

壬戌英宗至治二年閏五月饑弛河泊之禁　十二月水元史英宗紀

癸亥三年十二月霖雨害稼同上

按五行志作五月

甲子泰定帝泰定元年六月淫雨水深丈餘漂没田廬見元史五行志　八月雨水傷稼賑之見元史泰定帝紀

乙丑二年閏正月饑　六月蝗　九月蝗　十二月饑見元史五行志

丙寅三年二月饑免田租之半見元史泰定帝紀

丁卯四年十二月旱蝗免田租之半同上

戊辰致和元年四月饑發粟賑之　六月雨水害稼見元史泰定帝紀及五行志

文宗天歷元年即致和元年有年元史文宗紀

庚午至順元年七月蝗同上

甲戌順帝元統二年三月霖雨水湧民饑賑糶米二萬二千石見元史順帝紀及五行志

丁丑至元三年八月饑遣使賑饑民同上

戊寅四年八月山東鹽運司於濟南歷城立濼洛鹽倉東西二場元史順帝紀

丙戌六年五月饑賑鈔錠　七月饑賑鈔二千五百錠同上

辛巳 至正元年饑 見元史五行志

壬辰 十二年修城 據碑

壬午 二年六月壬子山崩水湧癸丑夜山水暴漲衝東西二關流入小清河黑山天麻石固等寨及卧龍山水通流入大清河漂没上下民居千餘家溺死者無算 見元史順帝紀及五行志

甲申 四年八月霖雨民饑相食賑之 十二月復賑饑民 見元史順帝紀

乙酉 五年四月民饑大疫賑之募富户出米五十石以上者旌以義士之號 見元史順帝紀及五行志

丙戌六年二月地震七日乃已同上秋八月修府學見舊志

丁亥七年二月己卯地震壞城郭見元史五行志

戊子八年大水民饑賑之八月雨雹同上

丙申十六年八月大水同上

丁酉十七年三月劉福通遣其黨毛貴陷益都路山東郡皆陷以董搏霄為山東宣慰使見元史順帝紀四月大風雨雹元史五行志冬大饑人相食見佛倫濟南府志

至正十七年濟南告急搏霄提兵援濟南賊衆自南山來攻濟南望之兩山皆赤搏霄按兵城中先以數十騎挑之賊悉衆來鬬騎兵少卻至磵上伏兵起遂

合戰城中兵又起大破之般陽賊復踰南山來襲濟南摶霄列兵城上弗為動賊夜攻南門獨以矢石禦之黎明乃默開東門放兵出賊後既旦城上兵皆下大開南門合擊之賊敗走濟南始寧（元史董摶霄傳）

戊戌十八年正月丁卯不蘭奚與毛貴戰於好石橋敗績走濟南二月癸酉毛貴陷濟南路守將愛得戰死毛貴立賓興院選用故官以姬宗周等分守諸路三月毛貴犯漷州遂略柳林同知樞密院事劉哈不花以兵擊敗之貴走據濟南（元史順帝紀）　五月山東地震天雨白毛

己亥十九年四月毛貴為趙君用所殺　五月蝗飛蔽天

人馬不能行所落溝塹盡平民大饑

辛丑二十一年六月察罕帖木兒總兵討山東八月進兵濟南劉珪降以上俱元史順帝紀

二十一年六月察罕帖木兒自陝抵洛大會諸將水陸俱下分道並進鼓行而東復冠州東昌八月復東平濟寧時大軍猶未渡羣賊皆聚於濟南而出兵齊河禹城以相抗察罕帖木兒分遣奇兵取間道出賊後自將大軍渡河與賊將戰於分齊大敗之進逼濟南城而齊河禹城俱來降攻圍濟南三月城乃下元史察罕帖木兒傳

癸卯二十三年大旱見張廷玉等明史五行志　六月庚戌星隕於濟南龍山入地五尺元史順帝紀

丙午二十六年夏六月霪雨害稼飛蝗蔽天民大饑見府志

冬十月擴廓帖木耳遣其弟脫因帖木兒及貊高完質等駐兵濟南以控制山東元史順帝紀

丁未二十七年五月山東地震雨白氂　十二月己酉明兵收濟南路同上

吳元年十二月己酉大將軍徐達至濟南元平章忽林台詹同脫因帖木兒聞之先驅人民引軍遁去平章達朶兒只進巴等以城降收其將士二千八百五

十五人馬四百二十九匹命指揮陳勝守之明太祖實錄

明

戊申太祖洪武元年正月丙申大將軍徐達復自益都至濟南二月丙午副將軍常遇春帥師自濟南取東昌癸丑克東昌仍還軍濟南見實錄　四月置山東行中書省治濟南明史地理志　閏七月己亥元降將喬僉院叛於濟南僉院福建解象官航海至山東吳元年十二月大將軍駐師濟南因來降至是復作亂指揮陳勝楊春討平之斬首三千餘級見實錄　建都轉鹽運使司署見陸釴山東通志

己酉　二年建濟南府署同上　建城隍廟據碑　重建府學據學通志

庚戌　三年三月免今年田租明史太祖紀　七月旱見實錄　建巡按御史署見葉承宗歷城縣志以後俱稱舊志

辛亥　四年大修城見陸通志

壬子　五年四月賑饑六月蝗大饑草實樹皮為食盡發粟賑饑免被災田租明史太祖紀及五行志

癸丑　六年水暴漲見明太祖實錄

甲寅　七年二月旱蝗免租稅見明史太祖紀及五行志

乙卯　八年二月革堰頭稅課局其課以在城稅課司并收

之見實錄　四月乙巳地震同上　七月大水見明史五行志

丙辰　九年七月改行中書省為承宣布政使司見明史地理志

建承宣布政使司署　建提刑按察使司署見陝通志　七

月大水明史五行志

丁巳　十年大稔斗米七錢見舊志

壬戌　十五年四月免稅糧見明史太祖紀　十二月罷採鉛之役

見實錄

乙丑　十八年十一月蠲田租見明史太祖紀

丁卯　二十年四月庚寅詔民運糧赴大寧者免徵夏稅見實

錄　九月壬寅詔民造戰襖給大寧戍卒倍給其直同上

十二月巳巳詔賑恤饑民同上

乙巳二十二年復置錢局見實錄

庚午二十三年八月賑水災見明史太祖紀　十一月免被災田租同上

壬申二十四年正月免魚課以濟饑饉見實錄　饑免田租見明史太祖紀及五行志

癸酉二十五年洊饑見明史五行志

乙亥二十八年七月遷濟南民於東昌見實錄　九月免秋糧同上　十二月詔山東桑棗及二十七年後新墾田毋徵稅見明史太祖紀

庚辰

惠帝建文二年五月燕兵陷德州遂攻濟南李景隆敗績於城下南走參政鐵鉉都督盛庸悉力禦之八月盛庸鐵鉉擊敗燕兵濟南圍解復德州見明史惠帝紀九月封盛庸歷城侯同上

鐵鉉字鼎石建文初為山東參政李景隆之北伐也鉉督餉無乏景隆兵敗白溝河單騎走德州城戍皆望風潰鉉與參軍高巍感奮涕泣自臨邑趨濟南偕盛庸宋參軍等誓以死守燕兵攻德州景隆走依鉉德州陷燕兵收其儲蓄百餘萬勢益張遂攻濟南景隆復大敗南奔鉉與庸等乘城守禦燕兵隄水灌城

築長圍晝夜攻擊鉉以計焚其攻具間出兵奮擊之遣千人出城詐降燕王大喜軍中皆懽呼鉉伏壯士城上候王入下鐵板擊之別設伏斷橋既而失約王未入城板驟下王驚走伏發橋倉猝不可斷王鞭馬馳去憤甚百計進攻凡三閱月卒固守不能下當是時平安統兵二十萬將復德州以絕燕餉道燕王懼解圍北歸明史鐵鉉傳

實錄載二年五月上至濟南李景隆衆尚十餘萬倉卒布陣未定上以精騎赴之大敗景隆斬首萬餘級獲馬萬七千餘匹景隆單騎遁餘衆悉降盡散遣之

濟南城守不下上命諸將攻之辛巳隄水灌濟南城

八月戊申解濟南圍還師北平自五月己卯起至八

月戊申共圍城三月其間攻守勝敗之勢史皆諱而

不言按其時景隆既遁而南則立齋閒録載高巍贈

鐵司馬序可証矣序云曹國公大軍進取失利漫散

南行而德州并無守禦官軍人民逃散四野一空鐵

相與巍並轡快快南行路經臨邑時序端陽誓酒同

盟起集民丁協同都司固守濟南不意燕庶人於五

月十六日率衆寇城詭詐百端誘説軍民開門出見

鐵相遂使軍民穢罵賊寇彼知中堅不下長圍四守

内外不通百計攻打晝夜不息攻之愈堅守之愈固若非濟南戰守而挫其鋒燕庶人乘劈竹之勢自中亦無江淮矣攻圍三月彼既智窮力盡師老將疲援兵方至遁走圍解時魏同在圍城中其所序如此古穰雜録云文廟兵至城不下圍之月餘亦不得時城有攻破者隨完之以計詐開門降用板候其入下之幾中其計後出戰文廟被兵窘甚知不能克乃棄去遜國記因之於是有僞降鐵板之說革除遺忠録云鉉於城壞處輒懸太祖御像兵畏忌矢石不敢犯鉉於像内潛修築完固太宗苦之於是又有御容者說

獻徵録載宋端儀鐵公傳云景隆敗績於白溝河北兵乘勝追襲鉉時主餉在行與叅贊遼州人高巍並轡南奔以夏五月五日道出臨邑誓酒同盟起集民丁同徐將軍盛統兵高衆事宋叅軍張都統王太守汪檢校諸臣固守濟南是月十六日北兵臨城欲誘降之鉉令軍民堅守不肯下攻圍三月時或出兵討捕互有殺傷已而以計焚其樓櫓擒獲其巨冦之尤黠者北兵知有備且虞援兵至遂夜遁捷聞使使賚以金幣并誥封三世其父仲明母薛氏年皆八十生膺寵命當世榮之時景隆以敗軍召還命歷城侯

盛庸挂印代之鉉趨朝謝恩蒙賜宴餽肉凡所建白皆如其言陞山東布政使不數日拜兵部尚書參贊盛庸凡運籌策中軍政糧草主將多倚藉之北兵既至滄州以十月晦虜帥臣徐凱復命鉉專城守濟南庸率兵駐來那博關北兵以鉉故不敢近濟南徑趨東昌辛巳春由蔡河還戰藁城遂略彰德正定壬午春由德州取道東阿汶上直抵靈璧北兵擒副將陳暉平安等遂渡淮庸大軍亦連敗績自是不踰月京師平執鉉以八月朔至京師故老相傳云鉉倨見正言不屈令其一顧終不可時年三十七十月十七日

祉男福安年十二三發充河地千户所軍端儀傳在鄭曉之前國史考異云據高巍之序則誘說軍民開門出見者燕師也使軍民譏罵彼知不下長圍四守與詐降之說絶異度文皇善用兵不應誤信輕率乃爾事蹟所載攻城在庚辰隄水在辛巳又與巍序合則長圍既築之後必無開門用板之事又危城中安得御容如此之多鄭氏獨削不取亦有見也予細思考異之言實為有理今復稽之宋端儀所作鐵傳蓋可以正之矣當時盛庸鐵鉉等俱在圍城中無一人卸甲詣燕軍而專有百姓千人請降燕王豈肯遽信

之遂輕身鼓吹而入余不令勁兵前驅之理鄭氏沿習傳聞失於詳考後人復因鄭說而增飾之也又遜國記鐵傳中載宋參軍之計見文皇攻濟南不克舍之南去說鉉出兵襲北平鉉不能用然當時燕王因諜報平安率兵二十萬將襲德州糧故解圍還北平非舉兵而南也則此說亦未確王鴻緒明史藁史例議

壬午四年七月詔山東被兵州縣復徭役三年未被兵者蠲租一年明史成祖紀

成祖永樂元年即建文四年三月饑　五月蝗地震有聲命賑饑　九月命寶源局鑄農器給山東被兵窮民

奪歷城侯盛庸爵尋自殺見明史成祖紀及實録五行志

甲申二年五月蝗見明史成祖紀七月野蠶成繭見實録十一月地震見明史五行志

乙酉三年八月蚜蚄生見實録

丙戌四年八月蝗賑饑同上

丁亥五年三月除永樂五年以前逋賦見明史成祖紀

戊子六年三月詔免逋負税糧見實録四月除荒田租同上

壬辰十年饑見明史五行志

甲午十二年正月發民運糧宣府悉給行糧及道里費仍免差徭一年見實録

乙未十三年六月水溢壞廬舍沒田禾發粟賑之蠲田租見明史成祖紀及五行志九月免被水災之民徭役一年見實錄

丙申十四年正月饑 七月蝗 免永樂十二年逋租發粟賑之見明史成祖紀及五行志

己亥十七年令民間虧租折輸鈔帛見實錄

壬寅二十年七月免水災糧芻見明史成祖紀

癸卯二十一年八月免水災田租同上

乙巳仁宗洪熙元年夏饑免今年夏稅及秋糧之半明史仁宗紀及五行志

丙午宣宗宣德元年七月免稅見明史宣宗紀

壬子 七年五月至六月霪雨傷稼 見明史五行志

癸丑 八年春旱遣使賑䘏 夏復賑饑免稅糧 見明史宣宗紀

甲寅 九年五月旱蝗饑 見明史五行志

乙卯 十年四月蝗

丙辰 英宗正統元年閏六月大水

丁巳 二年蝗

戊午 三年四月烈風連日麥苗盡敗 以上俱見明史五行志

庚申 五年十二月免被災稅糧 明史英宗前紀

辛酉 六年夏蝗 十一月免被災稅糧 明史五行志及英宗前紀

壬戌 七年四月免被災稅糧 英宗前紀

癸亥八年十二月免復業民稅糧二年同上

甲子九年閏七月大水明史五行志

丁卯十二年蝗同上

戊辰十三年五月蝗英宗前紀

己巳十四年夏蝗明史五行志

庚午景帝景泰元年饑四月賑之　六月免被災稅糧明史景帝紀及舊志

辛未二年八月霪雨害稼見實錄　十月免去年旱災夏稅同上

壬申三年正月樹介見實錄　六月蝗同上　八月大水免稅

糧見明史景帝紀及五行志 九月賑被災州縣 十一月安戢逃民復賦役

癸酉 四年十月饑免被災稅糧 冬大雪數尺

甲戌 五年春大雪以上俱見明史景帝紀及五行志 六月旱免夏稅見實錄

八月大水見明史五行志 十二月免秋糧見實錄

乙亥 六年旱饑蠲稅糧同上 七月蝗同上

丙子 七年大水饑發粟賑之免稅糧並蠲逋賦見實錄及明史景帝紀五行志

丁丑 英宗天順元年三月封皇子見潾為德王建德王府於縣是月饑發粟賑之見明史英宗紀及地理志五行志 七月蝗大

雨閏月禾盡没免夏稅見明史英宗紀及五行志

戊寅二年四月蝗　十一月免秋糧同上

庚辰四年旱明史五行志

辛巳五年免被災稅糧明史英宗紀　修府學見陸通志

壬午六年二月免被災稅糧　五月饑　十月再免被災稅糧同上

癸未七年自正月至於四月不雨　八月水災賑之見明史五行志及英宗紀

乙酉憲宗成化元年建巡撫都察院署見陸通志

丙戌二年巡撫都察院署燬同上　建山東都指揮使司署

成化上 丁亥

三年德王見潾就國 明史德王傳

德莊王見潾英宗第二子初名見清天順元年封德王初國德州改濟南成化三年就藩請得齊漢二庶人所遺東昌兗州閒田及白雲景陽廣平三湖地憲宗悉予之正德初詔王府莊田畝徵銀三分歲為常見潾奏初年兗州莊田歲畝二十升獨清河一縣歲畝五升若如新詔臣將無以自給戶部執山東水旱相仍百姓凋敝宜如詔帝曰王何患貧其勿許十二年薨子懿王祐榕嗣嘉靖中戶部議覈王府所請山

場湖陂斷自宣德以後者皆還官詔允行於是山東
巡撫都御史邵錫奏德府莊田俱在革中與祐榕相
許奏錫持之益急議衛司軍額千七百人逃絕者以
餘丁補錫謂非制檄濟南知府楊撫籍諸充補者勿
與餉軍校大譁毀府門詔逮問長史楊穀等諭王守
侯度毋狥羣小滋多事議者謂錫過激致其罪不盡
祐榕過云此十一年八月事至十八年涇徽二王復
請得所革莊田祐榕援以為請詔仍與三湖地使自
徵其課其年薨孫恭王載墱嗣萬歷二年薨子定王
翊錧嗣十六年薨子常潔嗣崇正五年薨世子由樞

見明史諸王列傳

[illegible]年三月命以濟南在城稅課之半賜德王為湯沐費歲為鈔五萬六千有奇見實錄 饑見明史五行志 修城見陸通志

庚寅 六年饑發粟賑之見明史憲宗紀

壬辰 八年饑見明史憲宗紀及五行志

癸巳 九年三月甲午四月丁卯黑暗如夜見明史五行志 重建巡撫都察院署見陸通志 濬小清河見顧祖禹方輿紀要 年饑盡免稅糧三發粟賑之見明史憲宗紀及五行志

甲午 十年大稔見舊志

丙申　十二年建清軍御史察院署見陸通志

丁酉　十三年饑發粟賑之免被災稅糧見明史憲宗紀及五行志

戊戌　十四年饑發粟賑之免被災秋糧同上　移建縣學見陸通志

己亥　十五年賑饑免秋糧見明史憲宗紀及五行志

庚子　十六年饑免被災稅糧同上

壬寅　十八年免被災稅糧同上

癸卯　十九年修城見府志　修貢院陸通志　建鄉賢祠同上

乙巳　二十一年饑免被災稅糧見明史憲宗紀及五行志

丁未　二十三年免被災稅糧同上

戊申　孝宗宏治元年饑明史五行志

壬子　五年饑發粟賑之見明史孝宗紀及五行志　河决由大清河入海見府志

癸丑　六年以水災免鹽課見實錄　四月命濟南府稅課全賜德王府同上

甲寅　七年大稔舊志

丁巳　十年水災賑明史孝宗紀

戊午　十一年免被災夏稅同上

辛酉　十四年水饑遣使賑卹免被災稅糧明史孝宗紀

壬戌　十五年九月地震壞城垣民舍明史五行志

癸亥　十六年饑發粟賑之（見明史孝宗紀及五行志）

甲子　十七年免被災稅糧（同上）

丙寅　武宗正德七年黑眚見至冬乃息（見舊志）

正德七年六月壬戌黑眚見大者如犬小者如貓夜出傷人有至死者形赤黑風行有聲居民夜持刀斗相警達旦逾月乃息（明史五行志）

丁丑　十二年九月地震（見明史五行志）

己卯　十四年詔流民歸業者官給廩食廬舍牛種復五年（明史武帝紀）

庚辰　十五年八月地震（明史五[illegible]志）

壬午 世宗嘉靖元年冬，礦盜流刼濟南。見資治通鑑綱目三編

建巡鹽御史察院署。見通志

甲申 三年正月地震。明史世宗紀

乙酉 四年九月疫。明史五行志

己丑 八年蝗，秋大水饑。同上

庚寅 九年大饑。同上

辛卯 十年蝗。見舊志

壬辰 十一年免被災稅糧。明史世宗紀

建崇正祠。據碑

癸巳 十二年饑。見明史五行志

濬小清河。見方輿紀要

丙申 十五年免被災稅糧。世宗紀

戊戌 十七年大旱。明史五行志

辛丑 二十年免被災稅糧 明史世宗紀

壬寅 二十一年建提學道署 見岳濬山東通志

丙午 二十五年免被災稅糧 明史世宗紀

辛亥 三十年免被災稅糧 同上

癸丑 三十二年饑發粟賑之免稅糧 明史世宗紀及五行志

乙卯 三十四年秋免被災稅糧 明史世宗紀

辛酉 四十年春賑饑 同上

甲子 四十三年大饑 同上

丁卯 穆宗隆慶三年閏六月蝗 八月大水賑之 十二月免稅糧 見明史穆宗紀及五行志

辛未　五年十月大水同上

癸酉　神宗萬歷元年大旱九月發粟賑之見明史神宗紀及番禺志

壬午　十年大饑舊志

甲申　十二年免被災稅糧明史神宗紀

丙戌　十四年賑災同上

丁亥　十五年七月旱明史神宗紀

戊子　十六年大旱疫免被災夏稅　秋大水見明史神宗紀及五行志

庚寅　二十年修縣城見舊志

癸巳　二十一年饑發粟賑之見明史神宗紀及五行志

甲午　二十二年大水以米豆三萬六千石賑之見舊志

丁酉 二十五年河井溝瀆之水無風自沸 見府志

己亥 二十七年大旱 同上

庚子 二十八年大風雹擊死人畜傷禾苗 饑 見明史五行志

辛丑 二十九年大旱 見明史神宗紀

壬寅 三十一年五月戊戌大雨二龍鬬水中山石皆飛平地水高十丈 見明史五行志

丁未 三十五年大水舜廟香泉發 冬十月旱饑蠲賑有差 見明史神宗紀及舊志

己酉 三十七年蝗 五月濟南產特牛兩頭三鼻四目二口 見明史五行志及省通志 十二月留山東稅銀三分之一賑饑

民見明史神宗紀

庚戌三十八年夏大旱發粟賑之　縣民王敬亭家牛產一麟龍頭鱉身牛蹄產時火起未幾死而火亦熄見明史神宗紀及五行志

癸丑四十一年秋大稔見舊志

乙卯四十三年春正月地裂三月大雪夏大旱遣御史過庭訓賑之　秋七月蝗見明史五行志舊志府志

丙辰四十四年四月復蝗大饑蠲賑有差見明史神宗紀及五行志

丁巳四十五年秋八月濟南地裂者二見明史五行志

戊午四十六年秋大稔見舊志

己未 四十七年八月蝗見明史五行志

庚申 四十八年雨土同上

辛酉 熹宗天啟元年秋大水見舊志

壬戌 二年春二月癸卯地震三日壞民居無數 秋地復震見明史五行志及舊志

癸亥 三年春隕霜殺桑地震 夏地出血見府志

甲子 四年大雨雹饑發粟賑之 秋七月縣民劉勅家產芝見舊志

乙丑 五年夏四月初五日未時震雷狂風發屋拔木晝晦見府志 六月飛蝗蔽天田禾俱盡見明史五行志 修縣城見舊

丙寅 六年夏旱蝗六月地震見明史熹宗紀及五行志

丁卯 七年七月大水廬舍漂没殆盡大清河溢見舊志

庚午 莊烈帝崇正三年三月初九日濟南大風晝晦見府志

辛未 四年春狼入西城舊志

壬申 五年三月十二日大風黑氣 十二月二十一日南城内外大火焚數千家湖中樹木焦二十二日舜廟災同上

甲戌 七年春正月朔先雨後雪霹靂大作見府志 修城舊志

乙亥 八年秋七月旱蝗見明史五行志及舊志 縣民劉緯家產芝

見舊志

丙子九年六月大雨雹殺西北禾蔬至盡見舊志　十一月
蠲五年以前逋賦見明史莊烈帝紀

丁丑十年蝗民大饑同上

戊寅十一年大旱蝗見明史五行志

己卯十二年春正月庚申我
大清兵入濟南德王由樞被執布政使張秉文巡按御史
宋學朱按察副使周之訓兵備道鄭諫鹽運使唐世熊
都指揮馮館濟南知府苟好善同知陳虞允教授孔闢
武歷城知縣韓承宣俱死之二月乙未

大清兵北歸歲大饑見明史莊烈帝紀及五行志

張秉文字含之桐城人祖淳官參政事具循吏傳秉文舉萬歷三十八年進士歷福建右參政與平海寇李魁奇崇正中歷廣東按察使右布政使調山東為左十一年冬

大清兵自畿輔南下本兵楊嗣昌檄山東巡撫顏繼祖移師德州於是濟南空虛止鄉兵五百萊州援兵七百勢弱不足守巡按御史宋學朱方行部章邱聞警馳還與秉文及副使周之訓翁鴻業參議鄭讓鹽運使唐世熊等議守城連章告急於朝嗣昌無以應督師

中官高起潛擁重兵臨清不救大將祖寬倪寵等亦
觀望
大清兵徇下州縣十有六遂臨濟南秉文等分門死守晝
夜不解甲援兵竟無至者明年正月二日城潰秉文
擐甲巷戰已被箭力不能支死之妻方妾陳並投大
明湖死學朱之訓謙世態濟南知府苟好善同知陳
虞允通判熊烈獻歷城知縣韓承宣皆死焉德王由
樞被執秉文贈太常寺之訓謙光祿卿承宣光祿少
卿皆建特祠餘贈䘏如制學朱死不得屍疑未實獨
格不與福王時贈大理卿鴻業及推官陸燦不知術

終嚮卿亦不及學朱宇用晦長洲人崇正四年進士爲御史嘗抗疏劾楊嗣昌田維嘉時論壯之之訓黃岡人進士累官浙江按察使坐事謫官被薦未擢而遘難望闕再拜與妻劉偕死闔門殉之謙孝感人進士戰於城上與季父有正偕死母莫氏匿民間不食死族戚傔從死者四十餘人世熊灌陽舉人分守四門被殺好善醴泉人進士虞允未詳烈猷黃陂貢生城破與二子俱死丞宣大學士熼孫進士與妻妾同死有劉大年者江西廣昌人官兵部主事奉使南京還朝道歷城城破抗節死贈光祿少卿其縉紳殉難

者歷城劉化光與子漢儀先後舉於鄉父子俱守城力戰死贈䘏有差明史張秉文傳九月二十四日城西南角樓燬貯砲四擊震傷民房數千間見舊志

庚辰十三年春閏正月元日雷電雨雪盈尺見府志二月大風霾　夏五月大旱蝗大疫見明史五行志及舊志府志賑饑明史莊烈帝紀　修縣署見舊志

辛巳十四年大旱蝗見明史五行志　冬桃李實見府志

國朝

世祖章皇帝甲申順治元年夏五月

大清定鼎京師

丁亥 四年大水見府通志

庚寅 七年大清河溢見府志

辛卯 八年蠲免歷年民欠錢糧見岳通志

乙未 十二年蠲免歷年民欠錢糧同上

己亥 十六年裁龍山驛丞同上

庚子 十七年以故巡撫署為總督署府志

聖祖仁皇帝壬寅康熙元年裁訓導見岳通志

癸卯 三年夏四月二十四日隕霜殺麥見府志 蠲免順治十五年以前民欠錢糧岳通志

己巳　四年旱饑蠲免順治十八年以前民欠錢糧同上

丙午　五年建巡撫署於德藩舊址見趙祥星山東通志

戊申　七年夏六月二十七日地震見府志

庚戌　九年夏五月二十一日大雨雹趵突泉溢没廬舍人畜見府志　旱見通志

辛亥　十年旱蝗蠲免康熙六年以前民欠錢糧同上

壬子　十一年旱蝗見府志

甲寅　十三年夏四月十三日晝晦同上　旱見通志

己卯　十四年修城府志

戊午　十七年旱見通志　秋九月十八日大雪見府志

己未 十八年改總督署為提督署 秋七月二十八日地震

庚申 十九年復設訓導

辛酉 二十年重修縣署

壬戌 二十一年修縣學 以上俱見府志

甲子 二十三年秋

車駕南巡過濟南幸趵突泉登南門城樓蠲免本年丁糧 見幸魯盛典及府志岳通志

乙丑 二十四年有狼災 同上 秋七月穀一莖四穗 見府志

丙寅 二十五年蝗蠲免本年錢糧 見府志及岳通志

丁卯　二十六年蠲免本年漕米岳通志

戊辰　二十七年修城見府志　建提督學院署據碑

按學道署舊在青州自是年始移治濟南改名學院

己巳　二十八年春正月十六日

聖駕南巡重臨趵突泉登北城會波樓免康熙二十九年田租見府志

戊寅　三十七年旱散倉穀賑饑岳通志　改提督署為濟東道署府志

癸未　四十二年春舜祠災見王士正香祖筆記　大水蠲免四十三

年四十四年兩年地丁銀米並歷年民欠錢糧 岳通志

修府學 府志

乙酉 四十四年旱散倉穀賑饑 見岳通志

丙戌 四十五年蠲免歷年民欠錢糧 同上

建雙忠祠 據碑

丁亥 四十六年大旱賑饑 見王士正分甘餘話

己丑 四十八年進瑞穀一莖十穗 見岳通志

庚寅 四十九年蠲免歷年民欠錢糧

癸巳 五十二年蠲免本年錢糧

辛丑 六十年旱散倉穀賑饑

壬寅 六十一年饑散倉穀賑濟

世宗憲皇帝癸卯雍正元年蠲免康熙六十年六十一年未完錢糧散倉穀賑濟

乙巳三年水發倉穀賑卹蠲被災錢糧

丁未四年建先農壇

庚戌八年水散倉穀賑饑蠲免被災錢糧以上俱見岳通志

今上皇帝丙辰乾隆元年

丁巳乾隆二年散倉穀賑饑蠲免被災錢糧縣冊

己未四年散倉穀賑饑

辛酉六年散倉穀賑饑蠲免被災錢糧

壬戌七年散倉穀貸民蠲免被災錢糧

丁卯十二年散倉穀賑饑建

行宫

戊辰十三年

車駕東巡至濟南蠲免被災錢糧

辛巳二十六年散倉穀賑饑

壬午二十七年散倉穀賑饑

乙酉三十年設龍山巡檢

丙戌三十一年蠲免一年漕米秋雨傷禾散倉穀賑饑蠲免被災錢糧以上俱見縣册

歷城縣志卷第二終

【民國】續修歷城縣志

毛承霖纂修

民國十五年（1926）歷城縣志局鉛印本

續修歷城縣志卷一

總紀

舊志總紀一門邑有兵事則書官制有變更則書其他如水旱禨祥以及頒賑蠲漕亦纖細畢錄蓋一以地方之事爲重也 國朝自乾隆以來幸際承平官吏謹守成法不愆於舊至於兵戎亦祗咸同之際髮捻迭次擾及縣境此外烽火稀聞惟黃河自咸豐五年北徙至光緒朝屢決爲患 天恩優渥振濟蠲緩之 詔當時見於邸報者幾於無歲無之準諸前例理宜悉載迺縣册無存記憶難周今第即見於新通志者略具一二斷爛之譏知所不免逮於光緒季年新政迭興曰巡警曰學堂曰諮議局地方有司

濟南大公印務公司印

竭蹶奉行官制亦稍變其舊矣縣爲省會有開必先事關創制謹逐一登錄以著變法之始焉

己亥　乾隆四十四年普免四十五年錢糧見新通志

癸卯　四十八年旱巡撫明興不親祈雨奉旨切責同上

甲辰　四十九年濟南府旱無麥大饑出貸倉穀同上　設主簿駐中宮鎮見府志

乙巳　五十年旱大饑人相食續修府志採訪冊

丙午　五十一年春饑餓殍踵接　夏疫　秋大熟

庚戌　五十五年春三月隕霜殺麥得雨復甦月餘大熟以上俱續修府志採訪冊　普免錢糧並蠲額賦有差見新通志

辛亥　五十六年春正月濟南地震見新通志

壬子　五十七年旱大饑免漕糧見府志

癸丑　五十八年蝗不爲災秋大熟同上

甲寅　五十九年以歷城等州縣旱賞給貧民一月口糧見新通志

乙卯　六十年秋有蝻府志　免逋賦及本年漕糧同上

仁宗睿皇帝

己未　嘉慶四年夏四月朔日月合璧五星聯珠見新通志

辛酉　六年夏五月雨雹府志

癸亥　八年九月河決東阿衡家樓入大清河見府志

甲子　九年建濟南書院續修縣志初稿

乙丑　十年秋九月大雨血府志

丁卯　十二年七月雨雹傷禾　續修府志採訪册

戊辰　十三年五月十二夜西門大街火延燒市肆百餘家　見府志

庚午　十五年正月大風霾　五月陳家園地裂數丈　巨治河水溢損稼　八月雨雹大風拔木

辛未　十六年春不雨至於五月　夏六月大清河溢　秋穀生蟲

甲戌　十九年疫　修縣學東廡　以上俱續修府志採訪册

乙亥　二十年有狼災　見府志

丁丑　二十二年五月大雨雹禾蔬毀　續修府志採訪册

戊寅　二十三年五月二十夜大雨灼突泉一帶淹沒廬舍無算民多溺死　見府志

己卯 二十四年河決馬營壩入大清河水溢平地深數尺見府志

庚辰 二十五年春大清河冰解壞船無數 七月十八天雨蛾

宣宗成皇帝

辛巳 道光元年新府縣文廟 夏大疫以上俱續修府志採訪册

壬午 二年夏六月丙午大雷雨錦陽錦雲二川山崩續修縣志初稿 秋八月舜廟井水溢由刷律巷達院署十餘日方止

癸未 三年秋有狼災 提學署蓍草生 大有年以上俱見府志

乙酉 五年大旱饑府志 重修縣學西齋

丙戌 六年二月二十八日大風霾晝晦三日乃止 重修貢院號舍

己丑 九年秋蝗害稼饑 十月二十三日夜地震以上俱續修府志採訪册

庚寅 十年四月二十二日地震見府志

濟南大公印務公司印

辛卯十一年冬大雪平地深三尺同上

壬辰十二年二月天鼓鳴　夏大旱　秋淫雨傷禾大饑以上俱續修府志採訪冊

癸巳十三年夏四月風雷雨雹大者重數斤續修縣志初稿

乙未十五年春旱至五月不雨無麥同上

丁酉十七年以山東巡撫兼理鹽政

癸卯二十三年夏四月彗星見

戊申二十八年清查濟南府屬倉庫

文宗顯皇帝癸丑咸豐三年禮科掌印給事中毛鴻賓奏　旨回籍督辦團練編修李變綍副之

甲寅　四年髮逆陷臨清省城戒嚴

乙卯　五年河決河南銅瓦厢分流至張秋鎮穿運歸大清河入海以上俱見新通志

丙辰　六年秋蝗續修縣志初稿

戊午　八年秋八月彗星出西北方見新通志

己未　九年夏六月丁巳武庫災縣城垣十數丈壞民家廬無算續修縣志初稿

庚申　十年廣學額見新通志

辛酉　十一年春三月捻匪犯境續修縣志初稿　五月彗星見西北方見新通志

秋八月捻匪又犯境續修縣志初稿　建土圩仝上

濟南大公印務公司印

穆宗毅皇帝

壬戌 元年夏疫續修縣志初稿 秋七月彗星見西北方長竟天見新通志

癸亥 二年淄川匪首劉德沛據城叛省城戒嚴續修縣志初稿 五月金星晝見見新通志

乙丑 四年正月太白星晝見見新通志

丙寅 五年建石圩續修縣志初稿

丁卯 六年夏五月捻匪犯境同上 捻酋任柱賴汶光等率大股匪衆自臧家廟渡河闖撲省城由千佛山下東竄同上

戊辰 七年以捻匪蕩平免被擾地方民欠糧賦見新通志

己巳 八年春旱續修縣志初稿 修濟南府學仝上 建尙志堂於金線泉仝上

冬十月内監安得海潛行出京巡撫丁寶楨以聞得旨拏獲正法見新通志

庚午 九年增修貢院號舍增同考官爲十四房見新通志 建機器局於城北趙家莊續修縣志初稿

德宗景皇帝乙亥 光緒元年春三月趵突泉市廛災

丙子 二年春旱自正月不雨至於閏五月

丁丑 三年冬十二月西門大街災以上俱續修縣志初稿

己卯 五年修省城石圩及各礮臺

辛巳 七年夏五月甲子彗星見東北方

壬午 八年秋七月彗星見東南方 八月河決桃園冬十一月堵築

濟南大公印刷公司印

合龍以上俱見新通志

癸未九年六月河決小魯家莊水至城西北三空橋續修縣志初稿　截留

京餉江北漕糧並撥銀四萬兩賑被水災民見新通志

甲申十年霍家溜河套圈漫口合龍　建築黃河南北兩岸長隄

九月加賑歷城等縣災民　十月截留本年新漕續辦冬賑並趕

辦來年春賑

乙酉十一年秋八月發內帑五萬撥京餉五萬又奉　懿旨由北

海工程項下撥銀五萬兩賑濟歷城等縣被水災區以上俱見新通志

建廣仁善局於院西大街續修縣志初稿

以濟南府知府爲督辦以本地士紳董其事施醫藥設義塾並

建全節育嬰兩堂常年經費官與紳分任而以本邑紳士陳汝
恆捐款爲獨多云（同上）
丙戌　十二年春正月截留新漕十萬石賑濟　河套圈漫口合龍（俱見新通志）
丁亥　十三年河決河南鄭州山東河道斷流（同上）　重修學院考棚（續修縣志初稿）
戊子　十四年二月鄭工合龍河入東境仍由大清河入海（見新通志）　夏
五月地震（同上）　秋疫（續修縣志初稿）
己丑　十五年春以山東連年被水奉　諭截留南漕十萬石並發
內帑銀十萬兩備賑　夏四月西紙坊漫口合龍　秋九月再截

新濟十萬石及應運通倉米四萬石備賑（俱見新通志）

辛卯 十七年夏四月布政司大街災（續修縣志初稿）

壬辰 十八年夏蝗　秋有蝝（同上）　巡撫福潤加築黃河南岸長隄（劉恒發採訪）

按西自齊河北店起東至華不注山麓長四十餘里

癸巳 十九年正月癸丑大風霾（續修縣志初稿）　濬小淸河上游（見新通志）

乙未 二十一年秋疫（續修縣志初稿）

丙申 二十二年重修濟南府學增置樂器（續修縣志初稿）　巡撫李秉衡奏請綠營兵額分年裁減

丁酉 二十三年增建貢院號舍

戊戌 二十四年春改以策論試士秋復制藝 楊史道口漫口合龍

撥內帑二十萬賑山東災民並截新漕備賑

辛丑 二十七年停武科並童試 以上俱見新通志

壬寅 二十八年補行庚子辛丑 恩正併科鄉試改以論策四書

藝試士 見新通志 設巡警總局於省垣 秋疫 俱修縣志初稿

癸卯 二十九年修縣學 建高等學堂於桿石橋西 建陸軍學堂

於南關教場 建巡警學堂於南營 俱續修縣志初稿

甲辰 三十年開濟南商埠 濬護城河 均見新通志 建銅元局於東流

水鑄造銅幣旋奉部文停鑄 膠濟鐵路成 俱續修縣志初稿

乙巳 三十一年改學政為提學使 停科舉及歲科試 重濬小清

河均見新通志　建提學使署於貢院舊址　建客籍學堂於舊學院署俱續修縣志初稿

丙午三十二年夏四月西門大街災　五月芙蓉街災　冬十二月趵突泉呂祖祠前門災　建法政學堂於皇華館俱續修縣志初稿

丁未三十三年升孔子爲大祀增修濟南府學　冬十月朔大雨雹雷震俱見新通志　以陸軍第五鎮駐山東建營房於省西辛莊續修縣志初稿

戊申三十四年設巡警道勸業道　夏五月雨雹大風拔木　六月旱　機器局火藥庫失慎　津鎮鐵路開工建黃河橋於濼口俱見新通志

今上己酉宣統元年建諮議局於貢院西新號遺址　建圖書館於貢院東新號遺址　十月初二日地震

辛亥三年十二月奉詔共和 以上俱續修縣志初稿

濟南大公印務公司印

續修歷城縣志卷一終

【乾隆】博山縣志

（清）富申修　（清）田士麟纂

清乾隆十八年（1753）刻本

災祥

自伏勝作五行傳而班史以下遂其說而以各代證應爲五行志止言妖而不言祥馬氏通考則謂陰陽五行之氣能爲妖亦能爲祥妖祥不同然皆反常而罕見者均謂之異夫記異之文此志必備若禨祥小數僻在下邑雖無與於天下之故而作善降祥不善降殃其理不誣也則所以爲感召之本者可不慎哉作災祥志而兵燹附焉

宋

太宗太平興國九年八月淄州霖雨孝婦河漲溢

壞官寺民田見宋史

金

宣宗貞祐年間孝水忽竭黃流四十里次日復初見靈泉寺蒙古碑雜記開貞祐起下濟年號殆非也按衛王永濟三改元爲大安崇寧至寧被弒宣宗即位改元貞祐續志稱末貞祐年間尤誤考宋年號稱祐者凡七並無貞祐也且徽宗北狩此地已屬金矣

明

嘉靖十七年孝婦河竭自晨至午

萬曆四十三年乙卯大饑人相食

四十四年丙辰秋白虹自地起綿亘數丈冲斗

虛經月不散
天啓七年丁卯孝婦河大漲范河尤急稅務司衙
民居漂沒無算
崇禎三年四月孝婦河黃流五十里
九年丙子文廟大成殿梁間產芝一本御史趙
振業家堂上亦產芝一本
十三年庚辰鳳凰山玉清宮庭中老檜忽大作
花
十四年辛巳歲薦飢斗米値一兩八錢人相食
龍泉范泉盡涸孝婦河十里下亦絕流

十五年壬午有狼在城下對瞭臺而號其聲百
出俄頃有兵警

十七年甲申三月初八日大風晝晦人不相見
其風自西北來觸人腥惡濛濛欲沾衣

國朝

順治四年丁亥孝婦河大漲水高出永濟橋上石
欄皆盡裁嶺山水浸灌西門外居人數十百家
又多淫雨龍鬬於空

十一年甲午八月二十一日孝婦河黃流

十三年丙申蝗大饑餓尸枕藉

十七年庚子百卉多重花不結實

康熙二年癸卯多震雷擊死男子二婦人一并所乘驢並在城南數里內

三年甲辰四月二十四日隕霜殺麥

四年乙巳夏氷條高拙棘枝無麥多震雷擊死者三人

五年丙午大無麥

七年戊申六月十七日地震黑氣自西北來有風俄而城垣樓櫓俱搖動

九年庚戌閏二月二十七日地震

十五年丙辰三月大雪三日木冰

二十一年壬戌春旱夏無麥六月大雨霖孝婦河溢田廬漂沒人有死者

二十五年丙寅七月雨雹大蝗

四十三年甲申大飢人相食次年亦如之

六十一年壬寅旱饑

雍正二年甲辰四月初七日過午大風從西北來中有光若火觸人腥惡須臾昏晦人不相見

八年庚戌六月大雨霖孝婦河漲溢長嶺道南沿水泛溢淹沒田廬人畜無算水中多見怪物

山有鳥者九月贊善趙執信家含章閣上產芝

一本

十一年癸丑穀雨後大雪

乾隆二年丁巳旱災

恩詔蠲免錢糧有差

十一年丙寅無麥

十二年丁卯蝻蚄生饑

十三年戊辰又饑流離者無算

【民國】續修博山縣志

王蔭桂修　張新曾纂

民國二十六年（1937）鉛印本

大事記

祥異

自伏勝作五行傳而班史以下踵其說附以各代證應爲五行志止言妖而不言其祥馬氏通考則謂陰陽五行之氣能爲妖亦能爲祥妖祥不同然皆反常而罕見者均謂之異夫記異之文史家必備若禨祥小數僻在下邑雖無與於興亡之故而作善降祥不善降殃其理不誣也則所以爲感召之本者可不慎哉作祥異志

宋

太宗太平興國九年八月淄州霖雨孝婦河漲溢壞官寺民田見宋史舊志

金

宣宗貞祐年間孝水忽變黃流四十里次日復初舊志見靈泉廟蒙古碑雜記謂貞祐是永濟年號殆非也按衛王永濟三改元爲大安崇慶至寧被弑宣宗珣即位改元貞祐鎭志稱宋貞祐年間尤誤考宋年號稱祐者凡七並無貞祐也且徽宗北狩此地已屬金矣

明

嘉靖十七年孝婦河竭自晨至午舊志

萬曆四十三年乙卯山東大饑鎮民剝樹皮爲食骨肉相殺市頭有飢民仆地未起稍强者即刳食之至神宗朝出帑金十六萬差御史過庭訓賑之 舊志

四十四年丙辰秋白虹自地起綿亘數丈冲斗虛經月不散 舊志

崇禎三年四月孝婦河黄流五十里 舊志

九年丙子文廟大成殿梁間産芝之一本御史趙振業家堂上亦産芝之一本 舊志

十三年庚辰鳳凰山玉清宫庭中老檜忽大作花 舊志

十四年辛巳歲薦飢斗米值一兩八錢人相食龍泉范泉盡涸孝婦河十里下亦絕流 舊志

十五年壬午有狼至城下對瞭台而嗥其聲百出俄鎮有兵警
舊志

十七年甲申三月初八日大風晝晦人不相見其風自西北來
觸人腥惡濛濛欲沾衣 舊志

清

順治十一年甲午八月二十一日孝婦河黃流 舊志

十三年丙申蝗大饑餓尸枕藉啖骸充飢非執兵不敢行 舊志

十七年庚子百卉多重花不結實 舊志

康熙二年癸卯多震雷擊死男子二婦人一并所乘驢並在城南
數里內 舊志

三年甲辰四月二十四日隕霜殺麥十月彗星見於翼軫直抵婁宿經五十餘日西行歷十有三宿 舊志

四年乙巳夏冰條高掛棘枝無麥多雹雷擊死者三人 舊志

五年丙午大無麥 舊志

七年戊申六月十七日地震黑氣自西北來有風俄而城垣樓櫓俱搖動 舊志

九年庚戌閏二月二十七日地震 舊志

十五年丙辰三月大雪三日水冰 舊志

二十五年丙寅七月雨雹大蝗 舊志

雍正二年甲辰四月初七日過午大風從西北來中有光若火燭

人腥惡須臾昏晦人不相見 舊志

八年庚戌九月贊善趙執信家含章閣上產芝一本 舊志

十一年癸丑穀雨後大雪 舊志

乾隆十一年丙寅無麥 舊志

十二年丁卯蚜蚄生饑 舊志

十三年戊辰又饑流離者無算 舊志

三十九年甲午大饑

五十二年丁未大有年

嘉慶十四年己巳春大風晝晦

十七年壬申正月朔北方有聲如雷至夜始止

道光元年辛巳秋大疫

九年己丑十月二十三日夜半地震馬鞍山裂

十六年丙申春饑疫秋大熟

二十六年丙午蜂巢文筆峯巔房七孔是歲秋闈焦振聲丁篤慶俱中經魁武庠岳鳳階復中式

咸豐元年辛亥秋大風禾稼搖落殆盡

二年壬子冬地震

三年癸丑春地再震

四年甲寅五月地再震

七年丁巳秋飛蝗蔽日禾稼盡傷

八年戊午二月蝻子遍野捕兩月始盡

十年庚申秋疫彗星見

十一年辛酉秋疫

同治元年壬戌大疫南博山一村死者百餘人

十一年壬申七月蝗蝗害稼捕者數步之内即得升許是年彗星見西北

光緒元年乙亥七月十六大風五日穀無遺粒

三年丁丑春大饑人有餓死者及麥熟人亦有得飽食死者

四年戊寅大稔穀秀雙岐 邑人鼓舜友繪嘉谷圖並銘立石於范泉書院即今怡園小學

七年辛巳彗星見

八年壬午夏五月太白晝見秋八月彗星見東南三日始滅
十年甲申夏蝗十月夜衆星流光芒四射太白晝見
十二年丙戌八月上旬地震聲自北來
十三年丁亥飛蝗至多落西鄉官府督捕秋成無大害
十四年戊子五月四日未刻地震聲自南來移時復小震是年
大疫秋淫雨害稼
十五年己丑二月大雪三日始霽大洪泉水涌如六七月時秋
大風害稼人民饑苦多有攜家赴陝者
十六年庚寅夏飛蝗蔽野秋豆生綿蟲夜有彗星自西南遡東
北光芒數丈

二十一年乙未秋蝗有黑氣橫亙坤艮方重陽冰雹豆芥不登

二十四年戊戌元旦虹見南方二月大雪三晝夜深二尺餘四月大風樹木爲拔五月雨雹有大如碗者六月疫盆泉一村死者六十餘人

二十六年庚子八月蝗自北來經宿盡斃惟七區受災最深

二十八年壬寅六月疫南博山一村死者五十餘日孃姓一家死者八人

三十年甲辰饑

三十一年乙巳彗星見東北

三十二年丙午二月大風五月南虹見越二日飛蝗蔽日禾苗

傷
三十四年戊申蟲災害稼
宣統二年庚戌三月霜損桑麥農人割麥留根者重發後畝猶得
麥數斗除根者無獲
民國元年壬子八月彗星見六月大暑人多暍死
二年癸丑蝗
三年甲寅四月隕霜麥傷
四年乙卯飛蝗自淄河下游蔽空而至繼而蝻子生公家在舊
武署設局收買蝻子稼不致大傷
五年丙辰夏蝗秋蝻子害豆

七年戊午秋蝗兼瘟疫

八年己未飛蝗至纔生蝻子公家收買設局在農會歲不致大饑

九年庚申端陽大風雨雹禾苗傷農人易種秋又蝗麥種少晚

十年辛酉飛蝗

十一年壬戌蝻子生

十四年乙丑大疫𥖄泉一村死者百餘人

十六年丁卯雨雹至六七次

十八年己巳十月初二虹見北方

十九年庚午七月二十四日晚地震

二十年辛未六月十一日午刻地震老屋爲傾申刻又震一次翌晨又震二十八日酉刻連震五次七月二十三日又震

二十一年壬申瘟疫白喉諸症甚烈南博山一村小兒死者百餘人

二十三年甲戌大暑人有暍死者

水旱

洪範休徵曰肅時雨若曰乂時暘若天人感應之際若有操之不爽者若人事紊於下而戾氣感召上干天地之和自足致水溢旱乾之變是以災害之來雖曰天爲之而實人爲之也懲前毖後恐懼修省烏容以已耶作水旱志所以謹人事也

明

萬曆十三年乙酉歲饑

十四年丙戌歲饑

四十三年乙卯歲饑人相食舊志

天啟七年丁卯孝婦河溢范河尤甚稅務街民居漂沒無算舊志

清

順治四年丁亥孝婦河漲水高出永濟橋上石欄邊甚峨嶺山水浸灌西門外民居數十百家又多淫雨龍鬬於空舊志

康熙二十一年壬戌春旱夏無麥六月大霖雨孝婦河溢壞民居無算舊志

四十三年甲申大饑人相食次年亦如之舊志

六十一年壬寅旱饑舊志

雍正八年庚戌六月大霖雨孝婦河溢長峪道內淄水氾濫田廬人畜漂沒甚多水中多見怪異山有崩者舊志

乾隆二年丁巳旱災奉詔賑䘏蠲免錢糧有差舊志

十九年甲戌秋大水三元宮前古柳高逾廟門掛淤草而滴水

不入廟内沿河居民亦無恙

五十年乙巳大旱

五十一年丙午大旱泉水涸樹木枯後得飽雨秋大熟瘟疫

嘉慶二十年乙亥旱穀不熟

道光五年乙酉夏大旱歲饑

十五年乙未大旱禾盡傷惟豆登場

十六年丙申夏大旱歲饑

十八年戊戌大水淄水兩岸田盡淤

咸豐元年辛亥大風歲饑

二年壬子大水

三年癸丑七月大雨三日夜不止

八年戊午大旱歲饑

同治九年壬戌大水

十一年壬申大水

十二年癸酉秋大雨平地水深數尺永濟橋石欄漂沒山頭柳

行各莊受災甚鉅淄水暴漲淤良田甚多

光緒元年乙亥大風壞稼大水壞永濟橋石欄

二年丙子春大旱五月雨農人始播種閏五月又旱至秋豆生

綿蟲是歲無秋人民多有移家就食於陝者

三年丁丑大旱禾稼盡枯死兼瘟疫

四年戊寅大水淵濟地盡淹沒

五年己卯五月大雨諸河俱漲孟家頂羊欄李家莊同受水患

稅務街北閣被淹八月水益甚山頭莊受害尤鉅

六年庚辰大水

十年甲申大旱歲饑

十四年戊子大雨連綿十三日始霽禾稼傷

十五年己丑大旱饑疫人多遷徙於陝晉二省

十八年壬辰大雨淵水溢

二十一年乙未六月大水永濟橋石欄半被漂没山頭莊受害尤甚

二十四年戊戌大水孝婦河水深丈餘

二十五年己亥夏大水永濟橋石欄及石磴灘岸石路盡毁居民受害甚衆

三十二年丙午八月旱逾年五月二十二日始雨

三十四年戊申除夕雷雨夏旱禾苗枯槁七月大雨越二十三日始霽諸河漲發池埠莊漂没大半又兼蟲災禾稼盡傷

宣統元年己酉春旱四月始雨穀乃播種秋蝗蝻生

二年庚戌五月五日大雨雹南博山一帶麥盡傷淄水溢

三年辛亥正月朔雷雨水深殁脛三月雨雪損麥五月五日大雨雹八月日色殷紅逾旬始復故秋蝻子生歲歉收

民國三年甲寅夏旱蝗

六年丁巳自春及夏無雨龍泉水不溢流

七年戊午夏旱蝗秋蝻子生

九年庚申七月初四大雨水

十年辛酉夏陰雨四十餘日滿岸掘地不盈尺水即上湧七月初十復大雨山洪暴發滿隴二水漲永濟橋石欄衝沒馮八峪壞房舍數十間魚市街房舍亦有衝沒者大街福門內外水高於門溺死者衆

十一年壬戌七月大水香市街及北關受害甚酷

十二年癸亥大水

十七年戊辰七月大雨五晝夜淄水漲冲沒農田七十餘畝

十九年庚午旱

二十年辛未大雨水

二十一年壬申六月二十二日大雨八陡山頭被水災而山頭尤甚壞房屋八百餘間溺死十餘人永濟興隆二石橋衝毀魚市街頗受損失岔泉非外水與圩平壞農田百餘畝

二十四年乙亥春旱五月雨農人始播種

【民國】臨淄縣志

舒孝先修　崔象轂纂

民國九年（1920）石印本

災祥志

周惠王三年。齊大災。公羊傳曰大災疫也

齊大饑。事在春秋末不詳何年有縣故為食待餓者事見檀弓

齊宣王時歲饑。不詳何年有陳臻閔發棠事見孟子

漢建昭二年。齊大雪。深五尺。

晉太康六年。三月戊辰。臨淄隕霜傷桑麥。

八年夏四月。隕霜。

義熙三年冬。澠水不冰。女水竭。

唐工元三年八月。大水。

元和十四年。隕霜殺惡草荊棘。不害嘉穀。

元泰定四年。冬十二月。蝗。

至正八年。三月大旱。八月大雨雹。大如杯盂。赤地如赭。

十九年。蝗食禾稼。草木俱盡。人相食。

明隆慶三十五年。大有年。

四十五年。大蝗。

萬曆二十二年。山東大歉。臨淄頗豐稔。饑民咸來就食。

四十三年。大饑。人相食。御史過庭訓奉朝命來淄賑濟。手執射施粥施粥事見人物志

四十五年。蝗。

四十八年。大白雹。

天啟六年。秋。大水。蝻生。

七年。大水。

清順治元年。春三月。大風。

三年。秋。大水。

九年。秋。大水。

十一年。大雨雹。

康熙四年。夏旱無麥。青州僉事周亮工。奉命來賑饑。蠲免田賦。

六年。夏。大雨雹。秋。大水。

九年。大旱。發粟賑饑。見青州新志。

十一年。有蝗不為災。

乾隆五十一年。大饑。

五十二年。大有年。

五十五年。夏隕霜。麥枯復秀。大熟。

六十年秋。蚜蛄生。

王心清蚜蛄紀災詩。乾隆六十年之秋。禾苗得雨方霑優。旱者盈尺穗未抽。晚者慾發碧油油。昨朝大霧布蜜尤。曉日無光天地愁。自寅徂卯辰未收。閒日更作勢昏幽。東西迷漫遍村樓。氣狹腥羶蒸浮浮。吁嗟青庚我心憂。俄聞有蚜生如髮。擬葯尋視凝雙眸。有物蠕動細蠅頭。潛伏苗心茹其柔。余驚且怪手捻揉。

隔宿往視大妣蟻。野老惆悵涕欲流。兒童指說聲咬咻。爭持笑帚走荒陬。屈身壟畔「窮冥搜。狀如承蜩學痀瘻。旁有士人[illegible]論議[illegible]由。書符作蘇拜祠求。紙錢焚盡清酒酬。神其佑之得庇[illegible]余詢大笑腐儒儔。隔河誦經真可羞。文事何如武備修。殺伐[illegible]毅[illegible]逗遛。振臂一呼迷置郵。義兵萬人集林邱。或手木杖中作兜。杖外有杈用相捷。或憑意匠製飛鞲。上有橫木曲為鈎。馳驅千兩從人扶鞍。日與蟊賊戰平曉。奮擊猛於鷹脫鞲。不分老幼皆虔劉。捷書絡繹報紅旗。伏屍百萬委道周。殲除首數餘孽留。就還指日聽歌謳。詎料其族繁且稠。視死如歸氣更遒。復聚其黨招其酋。子子孫孫皆貔貅。公然與我為敵讎。昂昂不屑狗鼠偷。允夭化日任蟠蟉。清風朗月恣遨遊。吞噉無異虎與彪。我師高壘旌深溝。一夕飛渡捷於翀。先登矯若升木猱。守降皆哭聲啾啾。蕩我錦阡空躪蹂。千畝萬畝赴其喉。將軍棄甲奔巖湫。閭[illegible]喘吳牛。殺賊不盡吾其休。去冬不見雪瀌瀌。今春望雨[illegible]旱魃肆虐若相仇。比户不登來與讎。仗此禾爲終歲謀。一家數口相謷調。忽逢此物不可蒐。饕食過半剩薪樵。殺人詎於戈與矛。大雹前月流晶球。近聞飛蝗滿汀洲。桑土何以固綢繆。廻腸百轉難其籌。心腹之疾安可瘳。天乎天乎何悠悠。伺隅不聞泣楚囚。回首郊原走纖蚰。禿禾僵立風颼颼。

嘉慶元年。大水。

十四年。四月。隕霜。不殺麥。

道光元年。大疫。

十五年。大雨水。

咸豐五年。大水。

同治九年。大熱。

光緒二年。大饑。飢民羣起掠奪。縣令繩以重法。乃止。

三年春。大饑。及麥熟。民驟飽食。間有死者。秋大熱。

十四年。四月。雨雹損麥。城北尤甚。秋大雨水。大疫。

十五年。秋大雨。

十六年。夏五月。大雨彌月。傷禾稼。

十七年夏。隕霜殺麥不爲災。

謝永傳麥枯復秀記曰。乾隆五十五年夏。隕霜殺麥。枯後旁出歧穗。竟獲豐收。然聞諸故老。未敢深信。光緒十七年。立夏之後。麥被霜而枯。剖視之。穗已朽爛。乾白如帛綫。邑之西數十里邑之南五六里。邑之北二十餘里。被災者十之七八。麥秋已絕望矣。乃不數日而出歧。不數日而吐穗。不數日而實堅實好。時雖亢旱。歲仍中熟。始知敗之者天。成之者亦天也。驗之於今。益知所聞不誣。故誌之。

二十六年六月。大蝗。

二十八年。秋大疫。

宣統二年三月隕霜殺麥不爲災。

三年。元旦大雨。秋大水。

中華民國四年。夏蝗。

五年蝗。

六年春大旱。斗麥十千。以西關斗計

八年。春夏旱蝗。秋大疫。

九年。春夏旱。秋蝗。

按古人所謂災。日蝕地震。飛流孛彗是已。古人所謂祥。景星卿雲。白雀蒼麟是已。以近世科學眼光視之。實無價值之可言。本志所謂災祥志。以凶歉癘疫爲災。以有年爲祥。冰雹水旱必書。

有關農事故也。夫國以民為本。民以食為天。癘疫亦民命所關。故謹誌之。若舊志怪異之談。迷信之說。如青龍見大蛇出禾秀雙岐狂犬墜麝之類皆入志餘則皆刪而弗錄云。

【光緒】嶧縣志

（清）王振録　周鳳鳴修　（清）王寶田纂

清光緒三十年（1904）刻本

災祥

昔孔子作春秋於日星之異風雨之變以及昆蟲草木之細皆書之惟謹而穀梁氏則謂君子之於事無所苟以爲五石六鷁之辭不設而王道不亢然後知大聖人致謹天變以覺人事其詳愼有如是也後之史氏天官有書五行有志其言災眚備矣而陰陽占驗諸家假經設誼恣爲附會而偏方變故皆欲張其事以動上聽固有誣罔不實者至於侈陳符瑞妄搆訞祥奸豪

或藉之以起事因而贊慝釀變以貽無涯之戚者蓋亦多矣夫星事殉悍誠非湛密者不能知近世推測占候之徒其說既多不效而講求歷算者又以薄蝕災沴一切歸諸造化自然之數固愈於舍人事而任鬼神者矣而於古聖人紀象以參政之意則固有合有不合也舊志於災異頗有採錄茲取近事吉凶有可徵信者並著於篇使後得考焉

前序曰天有祥沴歲有凶穰凡以關民也故黃龍見於溫井漢書惠帝二年黃龍見蘭陵溫陵井中金烏巢於華

山異苑載蘭陵昌慮縣郚城華山上有井有鳥巢其中金喙黑色而團翅此鳥見則大水井不可窺窺者不盈一歲輒死善兆靡徵事屬往代姑略不載竊附於春秋書災不書祥之義也自明朝以來邑之旱蝗雹潦地震日食之變閒歲有之今不悉論論其大者

正德八年三月閒天火起北城徐氏家延燒城中煙焰觸天官民廬舍幾爲一空正德十一年四月雨雹小如牛目大如杵禾稼盡傷人畜亦閒有斃者正德十三年六月閒黑風自西北來薄邑城西關雲霧迅合雷雨晦冥屋瓦皆飛揚沙皺石大木盡拔有二龍

戲河上承水爲之斷流剗毁居廬壓死人畜以數百
計禾稼無論矣
嘉靖三十一二年間自春正月不雨至夏四月始雨
復大水害稼歲大饑强梁者竟白晝揭旗鼓肆掠境
內良民取草根木皮充饑無賴剗殍肉爲食至有尙
呻吟遽爲人所剗有司莫能禁枕籍於溝壑者無算
先是年夏邑民寢街衢及城頭邏卒忽夜驚轉相追
逐如盜迫狀起自東門環城中至西門乃定識者以
爲鬼兵是年邑人以饑及盜瘟疫死者無慮數千蓋
其兆先見云

萬曆六年冬大雪彌月平地深丈許壓沒廬舍人多僵死道間果樹花竹凍死十之七烏雀麋兔魚蝦死幾盡亦一時人物之厄也次年夏復大水山麓激水丈餘平地一望巨浸居民田廬蕩然無一存焉詢之故老亦謂百年所無也

萬曆二十一年旱大饑　萬曆四十三年旱大饑

崇禎元年十二月二十九日天雨泥　五年秋大水

八年有鳥自東北來類鴝燕尾獸足千萬爲羣野棲不畏人踰三月始絕　十三年大饑前此旱蝗頻年至是赤地民攟草根剝木皮皆盡父子相食白骨縱

横次年春疫癘繼起死亡强半蓬蒿徧四野民間雞豚之類亦蕩然無存實數百年未有之奇變也

十四年二月初五日天雨土及暮大風入衣裾上及城頭旌旗兵仗俱有火光熠熠四境皆然

國朝

順治九年河決

十六年饑

十八年夏五月雨雹大如雞子

康熙四年春大旱夏大雨秋七月大風三晝夜不息發屋拔木河中覆舟無算

六年蝗不害稼
七年夏六月地大震廬舍傾覆人畜多傷死
八年地震
九年地屢震
十年秋土蠶傷禾稼
十七年夏大旱
二十四年八月大水
三十九年水
五十五年蝗
雍正八年水

乾隆四年水

七年水

十一年饑

十二年水

二十一年水

三十三年旱

三十九年春二月大風霾晦風五色晝晦如夜是秋妖賊王倫寇臨清嶧城守

四十五年大水

四十六年黃河決水由湖入泇頻河八社田廬漂沒

四十八年大風旱

四十九年旱有蝗

五十年春大旱無麥大風揚塵晦冥五月蟲害稼冬大饑是歲春夏間多怪風紅黃黑各異色五月蟲生食禾苗殆盡至秋乃雨民始種涓谷蕎麥旋爲雹傷民多餓死

五十一年春雨泥大饑夏四月大疫秋大熟是歲因連年失收斗粟萬錢人相食至夏疫疾傳染死者無數

五十三年夏大雷雨平地水深丈餘西北社田廬淹沒尤多人畜亦有死者

五十八年歲饑

嘉慶元年雨自四月至於七月癸未天鼓鳴夜隕星

黄河决北岸由微湖漫入運河入閘災九月戊辰地震

二年黄水復至

三年水退

四年無禾

六年夏五月乙未日南常社大雨雹敗稼平地尺許有大如碾碓者禾豆盡傷

七年夏大旱蝗是歲蝗飛蔽天食禾豆幾盡邑大饑

八年夏彌月不雨蝗敗稼

九年地震

十年秋七月蝗

十一年春二月乙丑大風（是日酉刻風自西北來極紅風過處山川皆變色）

十二年春正月戊午大風晝晦己未日暈有數環二月庚寅大風自西北而南黑黃遞變折損草木樓頭樹杪皆作火色

十三年旱大饑

十四年春二月甲午日抱珥如三環八月癸卯大風太作

十五年春正月己巳天鼓鳴壬申大風晝晦至夕始息秋七月己卯大水

十七年春正月辛卯大風晝晦二月乙巳又風無麥

夏蝗十月彗星見是歲麥苗盡枯蝗自西南來平地深半尺所過穀菜俱空入室食人食霤衣服人多流亡

十八年春大饑夏大旱彗星見燕巢於樹秋彗星入天市垣八月丙辰隕霜殺菽歲大饑九月彗星見曹州賊起冬十月白虹夜見北方

十九年春大饑夏六月壬戌雨雹大如杵冬十二月癸未夜雷

二十年夏六月戊寅大水

二十一年春霖雨自正月至於六月

二十二年夏四月甲戌朔日有食之

三十三年春正月癸丑元夜月食夏五月辛酉大雨雹秋七月太白晝見二十餘日是夏雹有大如碾盤者數日不化銷不盡傷

二十五年春三月大寒麥苗萎冬民大饑

道光元年夏四月辛巳朔日月合璧五星聯珠夏六月大寒民多疾疫秋九月螻蟈生食麥

二年春大饑夏秋霖雨百日

三年春大饑

四年夏四月白虹貫日六月癸巳朔日食既大旱歲食不秋八月彗星見東南方

五年春三月丁酉大雨夏大旱自四月至於七月秋八月甲戌彗星見

六年春二月乙卯雨雹甲申大風秋七月大水頻河居民災

七年春二月壬申大風五月癸未大水十二月二十七日大雪

八年夏四月甲申雷電大風冬十月地震

九年二月癸未大風夏六月丙子白虹見東北方長竟天冬十月甲申夜地連震

十年閏四月巳酉地震冬大雪一作大旱

十一年春二月丙申大水平地泉溢秋七月戊午夜殞星八月壬寅地大震冬十月辛丑星晝殞兩日相盪有聲如雷冬十二月大雪彌月河大溢

十二年夏霖雨河溢秋九月癸丑天鼓鳴冬大雪是歲霪雨四十餘日河水出岸房舍衝沒禾稼大傷至冬平地雪深尺餘人畜有凍死者

十三年春大饑夏大水冬大雨雪彌月河水溢是歲饑民皆取草根木皮以食多鬻子女者邑褚念甸孝廉修孝作竹枝詞以哀之

十四年秋七月癸丑大水有蝗冬十一月辛巳大風

十五年春二月辛丑大風三月乙酉大雨雹傷麥夏六月蝗秋八月丙子彗星見西北方月餘始滅

十六年夏四月戊寅大風雨雹傷麥秋大旱

十七年正月庚子大雨種春麥大風四十餘日秋蝗

十八年夏大旱蝗

十九年夏雨雹敗稼冬十一月丙申雷

二十年二月壬戌朔日有食之夏五月大霧傷麥六月己未朔霖雨彌月大雨三十餘日平地水深丈餘房屋多淹沒

二十一年春正月壬子大風秋八月辛卯大雨雹九月戊辰天鼓鳴己巳地震平地雹深尺陰平社尤甚菽芋皆傷

二十二年春二月長星見一月方沒夏六月戊寅朔日有食之蝗害稼冬十一月辛未大雷雨蝗青色食穀幾盡

二十三年甲戌白虹見西南方竟日夜虹見東北方
秋八月戊午天鼓鳴地震台虹一冊作初七日見長丈餘竟日始滅
二十四年六月已未大水
二十五年春正月癸亥朔甜水獻六月甲辰運河水
溢一作十三日蓋因連雨數日故記者有先後耳是時平地淹沒人畜無算有一家數口聯結漂流者瀦船自河內漂至岸外亦多傷損
二十六年夏五月大水六月丙寅地震有蝗蝗多頗傷不稼一冊作蝗不爲災或彼處然耳
二十七年春正月辛巳朔大風霾四塞四十餘日始
息八月壬戌月食九月丙子地震

二十八年春雨黑雪夏四月雨雹有白燕巢樹秋穀秀雙岐冬十月丙寅大風十二月巳巳日四珥五色

二十九年夏四月巳卯大雨雹大如斗溝澮皆盈朱家村棠蔭一帶二麥皆空一冊作三月三十日

三十年春正月甲午朔日有食之夏五月日赤無光至八月始復

咸豐元年春二月乙亥雷電大雪夏五月戊子日赤如血庚子夜地震聲如雷卯時又震一月之內屢震丁未有星自南隕於北秋八月癸酉黃河決盤龍集湖河兩岸災是歲日赤無光月餘方止黃河洪溢沿運河兩岸皆被淹閱四五年水患始息

二年春大雨三月大雨雹歲大歉冬十一月壬寅地震

三年春正月大饑人相食丁卯大風竹花三月辛亥地震瘟疫大作人多病死秋七月丁巳彗星見西北方大熟連歲失收至是大饑民多鬻妻子以求生餓死者無算至秋大熟

四年夏麥秀雙岐秋七月彗星見西北方古邵社天齊廟槐有華如雞冠九月丙戌天鼓鳴

五年歲大熟

六年春大旱蝗敗稼三月甲申黃霧四塞草木皆如丹夏六月丙戌始種秋禾秋旱蟲害稼蟲皆五色徧地蠕蠕食豆

苗幾盡

七年春大饑頻河民採蒿爲食露宿多凍死夏旱蝗蝻生敗禾稼（是歲二麥頗收運河北岸民皆採蒿根爲糧）

八年大熟秋七月彗星見西北方指北斗十月初一日南匪竄陷臺莊（是歲捻逆竄陷臺莊）

九年大熟彗星見南方（是時捻匪竄攻縣城彗星見火上大小數十）

十年大熟

十一年大熟秋九月彗星見（自此以前數年皆捻九月彗星指北斗是時土匪四起邑境大擾）

同治元年春彗星見東方長數丈寬尺許四月戊辰

日月合璧五星聯珠
二年秋八月五星晨見東方黑雲蔽之光極燦爛四
年夏五月戊午太白晝見天鼓鳴
六年大熟斗米數十錢
十二年春二月丙寅日赤無光太白晝見
十三年五月壬寅朔日食既夏五月辛酉彗星見西
北方指北斗
光緒元年大旱秋蟲敗稼
二年春饑人多餓死夏五月壬子天鼓鳴
五年春三月壬戌雨木冰秋蝗不害稼

八年秋八月彗星見東方長五丈太白晝見

九年大水

十三年秋七月朔日有食之

十四年春二月丙戌星隕如雨三日始止夏五月訛言賊至數千里居民逃徙一空

十六年夏五月朔日有食之

二十年春三月朔日有食之

二十二年秋七月朔日有食之冬霖雨五十餘日山泉皆開淹傷二麥大寒樹多死

二十三年秋蝗傷稼

二十四年夏四月大水歲大饑人多餓死

二十五年歲饑人多病疫自二月不雨至五月秋七月星晝隕自北而南蟲敗稼

二十六年蝗冬十月地震有聲如雷

二十七年春二月大風土霧迷空午刻雨泥申時天氣五色入夜始消夏蝗敗稼冬十月朔日有食之

二十八年夏六月蝗傷稼秋七月蝗子復生徧野黃豆角內生蟲減收八月瘟疫流行受症者吐泄黃水不止一旦夕即死又有吃銅痧人得之頭暈惡心鹹刺後急食銅錢可愈靑銅者特效入口即化輕者食

二三十支亙有食百餘者九月初五日亥時大星自北隕於南冬十月朔日有食之

【乾隆】德州志

（清）王道亨修　（清）張慶源纂

清乾隆五十三年（1788）刻本

德州志卷二

歷代紀事

志者史之屬史有二體紀傳與編年是也顧史以代分而志上下數千年興廢條陳本末殽列欲使一目瞭然莫若仿涑水通鑑作攄紀凡天地災祥人事常變無不臚載庶開挈綱振領

唐虞

禹瀹漯

夏

封有鬲氏國　漯水內有黑龍潭如螺形深無底

殷

盤庚元祀河决于邢

周

封太公於齊賜履西至河　河傍西山遡趾以行遷邢趙深瀛至直沽入海

厲幽以降野以聚冀爲華河漯之間爲戎所據

桓公畧地復收入于齊

齊桓公救燕經由今州地

春秋傳襄二十五年八月諸侯同盟於重邱經由今州地

按重邱齊地晉宋魯衛鄭曹莒邾滕薛杞小邾同盟而齊不與蓋謀討崔杼也不果行

燕侵河上齊景公與燕經由今州地

齊匡章伐燕經由今州地

燕樂毅將諸侯之師取齊蓋邱破之齊西經由今州地

按史記燕齊二國往來俱在齊西北鄙燕在九河北齊在九河南九河之外自大陸始大陸澤不可橫渡故齊兵赴燕自臨淄行渡濟渡漯踰滹沱過滱水至易水始與燕接則今德州爲必由之路

秦

郡縣天下築爲縣城

西漢

高帝四年韓信攻破歷下軍還定濟北取鬲城

屬平原郡鬲縣屬焉

文帝十六年封齊悼惠王子白石侯雄渠爲膠東王　白石在州境

河決館陶開屯氏三瀆

按武帝築宣房厮二渠一由故道北流一由漯川東流河不兩行東流盛則北流淤乃開屯氏左瀆屯氏右瀆而水仍全趨東流勢不能容乃於漯川西岸開屯氏三瀆在今州境

王莽封孺子嬰爲安定公以平原安德漯陰鬲

重邱凡戶萬地方百里爲安定侯國

東漢

鬲縣五大姓據城反吳漢收其守長五姓降

三國

曹操擊袁譚走南皮操防青州之援築臨濟城於鬲之東北

晉

武帝咸寧五年白麟見

燕慕容垂擒段勘于繹幕經由州地

北魏

太和十二年桓天生引兵據鬲城南齊曹虎大破之拔鬲城

十四年齊歸魏鬲城之俘

移鬲縣治於臨齊城

隋

開皇初廢鬲縣入安樂縣立繹幕縣

六年幷廢繹幕入安樂縣還立廣川縣於舊鬲縣西

仁壽元年改廣川縣名長河縣

大業四年開永濟渠

十二年涿郡通守郭絢討高士達于長河爲竇

建德所襲死之

唐

天寶十四年平原太守顏真卿起兵討安祿山

兵過長河

興元元年成德軍節度使王武俊由白橋渡河

擊滅朱滔取德棣二州

貞元元年建萊淩慈氏二寺於白橋西

元和四年成德軍節度使王士眞卒子承宗自爲留後割德棣二州上獻詔以薛昌朝爲觀察使九月承宗劫昌朝囚之十月私移長河縣於白橋承濟河西岸帝以田渙爲二州團練使詔令歸昌朝承宗拒命帝遣吐突承璀討之

十年聲承宗之罪絕其朝貢　承宗私置河東小胡城屯兵護白橋

十一年程權敗承宗於長河

十二年承宗以兵二萬入東光斷白橋路遂毀

小胡城

十三年四月王承宗復獻德棣二州赦承宗六

月給復德棣滄景四州一年

王廷湊獻景州犄據弓高樂陵長河三縣

按三縣皆景州屬邑蓋廷湊據河爲險獻河

東不獻河西也

光化元年朱温敗劉守文軍自魏至於長河

後晉

天福元年移德州治長河縣以安德來屬故治

河巡檢

按晉割十六州予契丹長河小弱不能守遂

移德州鎮之以防契丹

開運元年契丹將麻荅陷德州執刺史尹居璠

沿河巡檢使梁進以鄉社兵復之

後周

顯德元年以德州還治安德縣廢長河縣為長

河鎮

德州刺史張藏英城李晏口以防契丹

宋

天禧五年河決知滑州事陳堯佐導河東流築

長堤

按此堤名陳公堤西南起自滑東北達于海

景祐元年河決澶州橫隴埽將陵縣正當其衝

移治於長河鎮

二年廢安陵入將陵

八年河決澶州北流經將陵西境

皇祐元年河決入永濟渠

嘉祐五年河決魏州東流經將陵南境

熙寧七年八月地震

紹聖元年河決將陵埽壞民田

金

立劉豫於齊濟南屬焉

按將陵縣亦屬僞齊　劉豫子劉麟爲金建

齊二一在阜城北一在德州北今撤王庄石

橋是也

擒劉豫兵由今州地

按劉豫將被擒星隕于平原鎮今落星坡是也

天會初割將陵北半立吳橋縣

七年置漕倉于將陵

大定九年冬饑賑

十六年旱蝗免租賦

二十年免將陵十九年租賦

二十七年命[illegible]勾管河防事

大安二年六月[illegible]雨大飢

興定四年封王福爲滄海公以將陵隸之福以

所隸降于元

元

太祖元年秋帝與皇子托哩取河間滄景等州

按將陵縣時屬景州　金志托哩作拖雷今

依四庫全書改正

太宗時元帥何塞過寇於將陵擒殺之

憲宗三年改將陵隸河間路又升將陵縣爲陵

州隸濟南路

中統三年濟南李壇反詔籍兵守城

四年陵州達魯花赤蒙哥戰死詔其子忙兀帶

襲職

至元元年大水

二年旱蝗

降陵州仍爲將陵縣

三年復升將陵縣爲陵州廢故城縣爲鎮八年

復隸河間路

改將陵倉爲陵州倉設監支大使等官

五年大水免田租

七年河間東平皆立站陵州始爲大路

按大路有二一向正南四女寺渡河赴恩州今舊恩縣也是爲東昌路一向東南大道口文豆腐巷南九里渡河赴許官店今恩縣也是爲東平路

八年蝗

十九年旱二十年緩征

二十一年大水

二十二年蝗　河水壞田

二十三年割陵州西南復立故城縣

按金明昌中河北立故城縣元至元三年收

入陵州至此又割陵州立故城縣

知州秦政移建州治於[illegible]西州前市馬立馬[illegible]

二十四年霪雨害稼

二十六年大水害稼弛河泊之禁

二十七年飢免本歲銀俸鈔秋免賦繇之半又

免流民租賦及雜課冬免逋賦

二十八年九月霪雨大水免被災田租

二十九年發陵州倉米賑

三十一年知州秦政改建儒學於州治西南

元貞元年旱

大德元年旱減田租

詔天下州縣通立孔廟

三年置捕盜司

七年五月水禾稼不登

八年免入户差税一年

知州衛益之脩學宫

十年春發陵州倉賑濟

皇慶二年飢減田租

延祐二年飢給糧兩月

知州杜明脩學宫

四年河間路揔管廼嗎彌實收陵州殍兇爲官民害者繫死于獄

按金[illegible]里咸失今依理[illegible]懸
舊改正

至治元年飢冬賑

二年蝗水五月賑免常賦之半

泰定帝元年六月霪雨水没田廬禾稼冬賑兩月

二年春飢六月蝗三年三月賑四月減田租

致和元年飢賑鈔

至順二年夏大水十月遣官和糴於通漷陵滄

四州

至正二年春饑賑鈔

六年春大饑地震

七年二月地震

九年知州賈棟脩學宮

十七年毛貴亂山東其黨田豐據東昌帝命平章政事達蘭參知政事諸達中書參知政事崔敬分省陵州

按金志達蘭作答蘭諸達作僧普今依四庫

稽改正　時陵州當南北要衝無城郭居民散處故遣重臣分省崔敬字伯恭供給諸軍事無不集常嘉其能命便宜行事

十八年命丞相也速守陵州東昌賊北冦也速姑縱之過陵州邀擊于景州斬獲殆盡

按也速大營在故城界今丞相營是也小營在州界今陽塢是也

明

洪武元年閏七月壬子常遇春克德州今陵縣次

口癸丑大將軍徐達帥師會之令將軍襄八月督

都韓政分兵守陵州

立守禦千戶所

降陵州爲陵縣隷濟寧府

二年立學

免田租

六月陵縣改隷德州

三年立里社給戶帖免田租

五年大饑

七年省陵縣移德州治於[illegible]廢安德縣入之領

德平平原二縣隸濟南府

八年詔立社學

七月大水

九年改守禦千戶所為德州衛

十年知州閻九成遷學宮

按學宮舊在州治西南其年移于州治東南

河干仍在河西岸迨三十年截河灣築衛城

于河東學宮在所截之內故在河東城內鄉

今學宮地

十三年立陵縣於廢安德縣割其明善崇德二鄉屬德州

十四年造黃册 即今示譜

十六年初命天下學校歲貢士于京師

十七年定鄉會科三年一舉

二十三年正月地震八月水免田租賑

二十四年會通河淤自濟寧至臨清立八遞運所以備陸運由德州

傅友德訓德州衛軍備北平邊

二十六年詔天下州邑衛所植桑棗

二十九年大水壞城免稅糧

按是年東土河大水壞舊德州外羅城共磚

即於次年建衛城移用舊德州者州治在舊

安德縣之德州也

三十年督都張文傑指揮徐福建德州衛城於

河東截河一灣入城河流折向東北即今州城

用舊德州外城被水中塌之磚不足于城南

開窰燒磚按今南窰上火房其故址也

建浮橋名廣川橋　橋係東西在廣川門南

三十一年免明年田租之半

建文元年二月命督都韓觀練兵於德州

七月燕王棣反九月帝命李景隆至德州合兵五十萬討燕進營河間韓觀築連城十二於衛城東北以護倉儲

十一月景隆敗績奔回德州

二年四月景隆與燕兵戰於白溝河敗績奔動

德州燕兵隨攻德州　五月景隆奔濟南燕兵（機）

陳亨張信陷德州收糧百餘萬石八月盛庸

鐵鉉領兵復德州帝以庸爲平燕將軍屯德

州

三年三月盛庸合兵二十萬與燕兵戰於夾河

敗績奔回德州

永樂元年蝗飢

二年春賑　九月鑄農器給貧民

十一月地震

五年立德州左衛
置遞運所於城西北
按洪武二十四年立八遞運所時德州未立所至此始置
除遞賦
六年除荒地租
七年十二月賜民頻年遞運者田租一年
九年知州何原稷徙德州治于衛城并稷增城隍廟

治河尚書宋禮跡會通河入土河開四女寺減
水河
移置安德馬驛于南關太平馬驛於恩縣北安
德水驛于西關梁莊水驛于城南良店水驛
于城北
按明初德州定鄉廟建壇壝置驛舍皆始自
洪武其時州治在河西洪武十年先移學宮
迨永樂移州治于河東衛城壇壝驛舍皆由
河西移于河東其河西舊址招民開墾名曰

籽粒基地

十年移河西永慶寺於州治北

十二年五月雨雹傷麥

十三年六月大水免田租

置德州漕倉名廣積倉以戶部司員分司倉事

置預備倉

十四年正月飢免逋賦賑

七月遣使捕蝗

十五年蘇祿國東王來朝卒于德州遣官營葬

城北謚曰恭定

十九年督都曹得卒遣官祭葬于城東卽今曹村

二十一年用巡按陳濟言德州立廣川關榷商

稅

宣德二年春旱饑勸富者貸民粟

五年命河南山東糧皆運於德州倉

八年遣戶部司員監兌倉米

九年七月旱蝗大傷稼饑

十年部衛所立學

四月蝗蝻傷稼

正統元年閏六月大水傷稼

二年四月蝗

四年夏連日烈風禾苗盡死

五年設提督倉務官

六年革摩川關

八年移德州倉三之一爲京通倉

知州韋景元修城建譙樓修學宮

十三年河決從御史林廷舉請引漳入衛

知州鄒銘修學宫

十四年移北廠戶部分司于城東南隅移德州倉于南門内移常豐倉于西門内移預備倉于城隍廟南

景泰元年大水飢人相食

三年大水

四年冬大雨雪人畜凍死

五年大水河溢

知州洪釗修學宫建文昌祠

知州洪釗姑續德州志稿

七年恒雨傷田

天順元年封皇子見潾爲德王後移濟南

賜王子見沛田名嶽王莊在今州境

七月大雨河與堤平大飢人相食

五年改鹽兌分司爲管糧分司

八年立武科

成化三年德藩燕王見潾之國

嶽王就封均州燕爲民田

[illegible]年知州楊[illegible]修學宮

[illegible]年大飢人相食

[illegible]知州王縉建鄉賢祠名曰聚賢堂

[illegible]故刑部侍郎宋性入鄉賢祠

按洪武二十六年詔天下學宮存祀名宦有祀鄉賢其時學宮未立祠也迨洪武三十年築衛城永樂九年移州治于衛城亦相沿未建成化元年巡撫葉盛奏請祀本朝賢臣在德州有賢臣宋性乃于九年立鄉賢祠祀之

十八年大水

二十年大旱

開東南大路知州王緝建大橋由黃河涯赴曲

　陸路　又建土橋於界河

二十一年改太平驛歸恩縣

宏治元年大飢

十二年建董子祠于學宮東

十五年九月地震壞城垣民舍

正德五年知州寧河令四鄉民來居城市[illegible]

城

按劉六劉七之變將作故有是令民徙來城

令婦女居城内丁壯在關廂築羅城以衛之

羅城遶東關鐵佛寺前關玉皇閣西連御河

堤

六年春流賊劉六劉七率兵數萬犯州城知州

甯河守備桂勇擊却之

按劉賊自城南豆腐巷渡河甯公率丁壯守

羅城桂公勒兵嚴備城門洞開賊疑不敢入

嗣移攻東南入羅城者二十餘人盡殲焉又移攻北門桂公遣騎偵虛實伏兵逆城夜縋擊之賊潰去州境以安

七年黑眚見發倉賑飢

八年立大教場于城西南

十六年知州王翊修學宮

嘉靖二年正月地震大旱

三年正月朔地震

七年知州何洪大修羅城廣袤二十餘里

八年大饑
九年詔天下學宮易聖賢像爲木主
詔建啟聖祠
大水平地丈餘人多溺死
十年詔兩衛士子附州學設廪增及貢額增設
訓導一員
十七年大旱
二十年春黄風晝晦飲食以燈
二十三年州人葉洪樹柏三百本于學宮

二十四年詔祀知州翁河守俗桂勇于名宦祠

知州陳秉忠修學宮建名宦祠於儒學西

二十六年頒御書程子四箴勒石學宮

三十年蝗飢

三十一年大水傷禾

三十四年地震

三十九年大旱無麥穀

四十年飢大疫

四十一年春火災無麥

四十五年知州邢奎修學宮

隆慶元年選義勇武生增立二營以遊擊一都司一分統之一駐濟南一駐德州

二年旱蝗冬大雨雪

三年河決平地水丈餘

五年正月朔日當食不食

六年河決

萬歷元年冬不雨雪無麥

二年諭祭光祿寺卿盧宗哲

州人馬九德建石橋于南門外

三年河決

四年知州唐文華始修州志

設參將于德州

十六年勅建韓節婦焚身祠

按節婦係韓承業之妻生員王會禮之女

二十五年河水清

知州劉道修學宮建文昌閣改文昌祠為名宦

祠改名宦祠為學署

三十五年河決大水護城隄障之城市無恙

四十年署知州濟南同知孫森大修州城建雁墻建振河閣　城外移河西流折而北又折而東築廻龍壩浮橋西移改東西爲南北

四十三年知州馬明瑞移董子祠于河上建醇儒書院

四十四年夏蝗大飢

四十八年州人劉汝梅與任氏族人建土河内任家橋

天啟二年武邑白蓮教于宏志作亂于白家屯

武德道來斯行率州兵會天津景州兵搗其

巢穴剿滅之

五年知州安受曾修州志

六年夏地震

知州安受曾修學宫

崇禎元年常豐倉災

按常豐倉災移就德州倉名曰常德二倉

國朝發滿洲兵米在此名曰常德兵米

三年大水

四年州人程紹建顔魯公祠

五年移武德道駐德州

六年四月黑風晝晦飄刈麥無存

七年叅將馬爌擊大盜賈邦煥于王官店平之

十二年諭祭贈工部尚書程紹

十三年大旱禾盡槁

十四年春疫

十五年四月大雨雹

大盜李青山亂山東四月十六日新撫王永吉

至德州檄撫兵劉澤清擒滅之

十六年十一月地震

十七年春疫

三月十八日李自成陷京師遣賊將郭陞狥山

東四月初八日陞陷德州設偽武德道閻杰

偽知州吳徵文州人御史盧世漼趙繼鼎主

事程先貞推官李讃明生員謝陞等合謀誅

之爲懷宗發喪起義兵討賊所誅景州故城

武邑東光等處僞官

秋七月

大清遣官奉

詔撫定德州盧世漼等全城歸附士民安堵

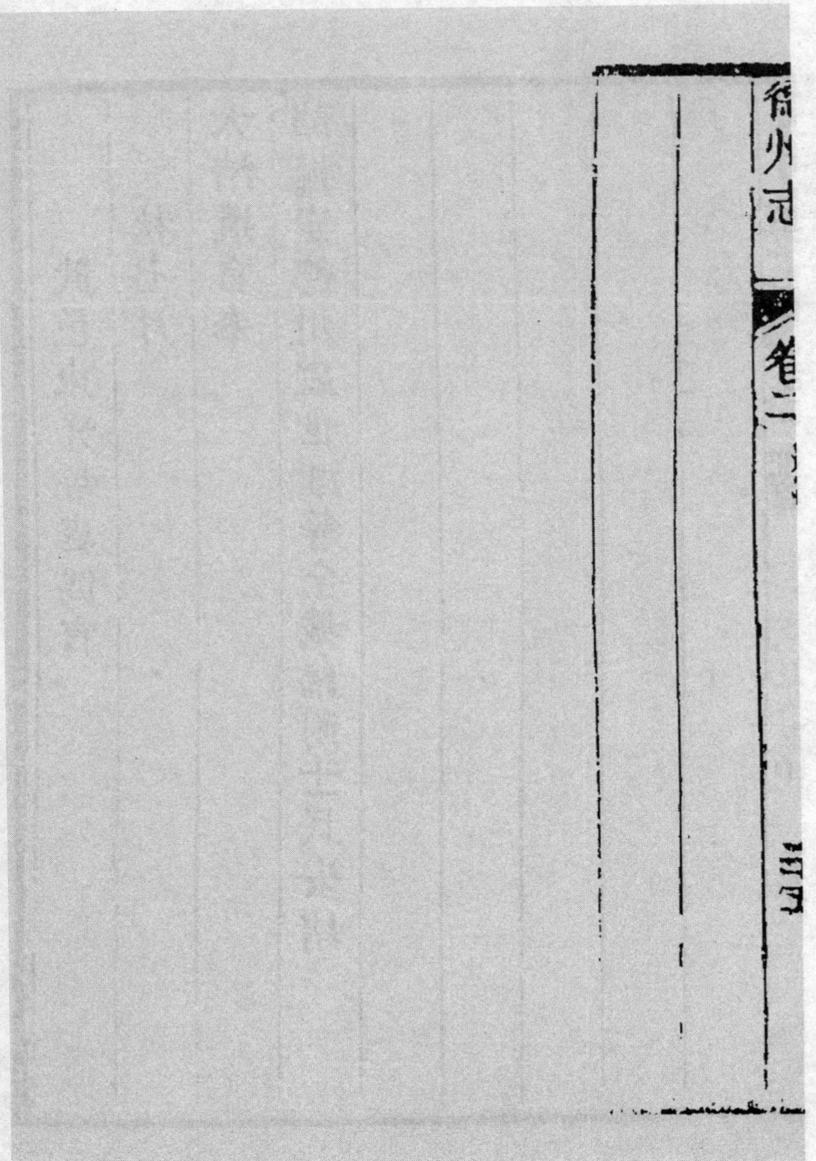

紀事

國朝

順治元年以張有芳爲德州知州

二年設瀋州駐防兵

遣官祭大學士謝陞

定文武鄉會科

三年裁衛指揮千百户等官改設守備千總

裁訓導二員

移滿洲兵駐江寧

四年定州衛入學各四十名

平原土賊張二幌子祁和尚唐嗎子作亂十一月二十九日假充武德道入道署劫道庫旋赴州署知州劉思文率其姪劉珍甥蔡經邦射中賊賊逸武德道祝恩信率兵追至黄河涯殲滅之

八年德正左二衛改隸山東都指揮使司

十一年復設滿洲駐防兵

十五年定州衛入學名十五名

驛馬管馬均令印烙

十七年抽兵一百名歸武定營

遣官祭都御史趙繼鼎

康熙三年裁稅庫局

抽萊州兵三百名馬六十匹歸德州營

四年裁管倉分司以萊州通判領倉務駐德州

夏旱

知州張重華修州署

禁衛所內不法強徒輒索民間富戶貼濟年絕

軍同姓幫貼運價

六年裁武德道

五月旱蝗不傷禾

七年六月十七日地震

八年給還本年圈地嗣後永行停止

抽大名府兵二百名馬四十匹歸德州營

九年全裁訓導

濟東道移駐德州

定州衛武學各十五名
遣官清丈地畝給還民間圈地百餘頃
十二年知州金祖彭修學宮修州志
濟東道兼管驛傳
十三年冬挑滿營兵從　多羅信郡王討吳逆
十四年　和碩康親王率兵討耿逆經德州
十七年知州佟淮年建義學修浮橋建奎樓建
董顏祠
十八年濟東道移駐濟南萊州通判移濟東道

署督糧道移駐來通判署

督糧道徐宏業增修道署

十九年　和碩康親王凱旋經德州

復設訓導一員

二十三年知州許嗣國清理民間寄糧地分立

官戶生戶民戶

二十六年裁管河州判一員裁淺夫百名

分州境爲二十八地方

二十七年裁左衛并裁守備一員所千總七員

按德有正衛左衛是年裁左衛歸併正衛改
曰德左二衛
二十九年御河淤知州與軫與紳士捐傭夫挑
濬
三十年州人陳洪謨建文武閣
三十四年知州許嗣固査造失業戶冊
三十六年撤回萊州通判以濟南通判駐德州
四十二年大水飢賑
四十四年遣官祭戶部左侍郎田雯

知州王朝佐議免徵淺夫

四十五年建頒

德亭於西關河上

四十八年督糧道朱廷禎建柳湖書院

五十一年立鹽關于桑園摠漕委員稽查同空

漕船有無私鹽

五十二年三月立

皇會於教場祝

萬壽至六十一年止

五十七年巡撫李樹德築磚堤于小西門外名
李公堤
五十九年六月地震
徂徠山鹽梟曹八聚衆搶掠新泰萊蕪市鎮縣
使往來經由德州
六十年獲曹八解京正法由德州
雍正元年
封
至聖先師五代王爵

建忠義節孝祠

改德州營屬兗鎮抽兵十三名歸鎮又抽三名

歸桃源集又抽三名歸沂州營

二年添滿洲披甲兵一百六十名立有新營

定德州為散州撥德平平原二縣屬濟南府

知州陳留武修學宮

三年丁歸地畝

按地畝每賦銀一兩合攤丁銀一錢一分五

厘

立滿洲教場於東門外

知州陳留武建

崇聖祠節孝祠

大水

四年建先農壇于南門外

賑麥有秋

五年築大路東南由李家河渡河

巡撫陳世倌全裁淺夫

七年安德馬驛歸州裁驛丞

地震

八年建州倉一百二十間于州治前建衛倉二十間于衛署

九年建普濟堂建育嬰堂

督糧道徐聚倫重修道署大堂

十年巡撫岳濬知州烏伸建新鄉賢祠移歷代鄉賢主於內宋姓主亦並移入其尊祠令其子孫自祭

十一年水

十二年濬南支河係宋禮故道開北支河改御河於小西關西移浮橋橋又係東西於廢河中舊設浮橋處築堤而路

建北減水河橋橋北有方亭

十三年增馬步兵

乾隆元年知州王一夔修德州署

二年裁滿洲營筆帖式一員

四年督糧道趙城修學宮命州人杜無逸董其事工最善

七年安德水驛良店水驛梁莊水驛皆歸州裁

驛丞三員

八年大旱

發帑修城以工代賑

十年知州劉元錫修城工竣報銷

清出德左二衛贍運屯田坐落直隸山東地二千四百二十九頃有奇合原承種貼租之軍民納租每畝租賦一分隸本衛者由衛徵收隸直隸者造冊咨直督轉飭州縣代征關解分給各丁襄運

十二年大水

十三年有秋

十四年春秋稔

十五年春秋稔

十八年建頌德亭於玉皇閣外

督糧道汪漢倬建緐露書院

二十年知州宫懋讓攺二十八地方爲三十九保

二十一年建恩泉

行宫

二十二年大水

二十四年歸併臨清倉於督糧道管理

二十五年裁德左衛左所右所千總于是而千摠署裁矣

大挑支河

二十六年重修恩泉

行宫移徙數丈

大挑南北支河

河決草𡋯蔡家莊等處

二十七年州判移駐邊臨鎮

二十八年改御河遞上馬頭西

裁德州倉大使歸糧道廳大使

二十九年知州宋文錦修州署

三十二年十一月州民陳三妻楊氏一產三男

三十六年大挑支河

知州石之珂分州境為六鄉三十四保

三十九年八月王倫聚眾作亂

上命大學士舒赫德率京兵討之經由德州滿漢二營兵隨征至臨清州殲滅之　知州李燕經理軍需民不擾

四十一年

上南巡駐蹕德州時有解金川俘赴京行至德者

上親訊各磔之

四十二年督糧道曹錫寶捐置義田　修育嬰堂

督糧道何裕城重修道署

四十三年旱

十一月州民趙桐妻崔氏一產三男

濟南通判元克中重修衙署

四十四年知州劉永銓修學宮

四十五年

賜給百歲壽婦趙如蘚之妻魯氏坊銀緞

四十七年夏蝗秋無雨麥未播種

四十八年六月始雨布種晚田秋旱麥未播種

四十九年秋旱麥未播種冬賑

五十年春賑錢糧緩徵設廠散粥截留漕糧倣

運

秋旱麥未播種

五十一年運截留漕糧至德平臨清

添設滿洲營步甲兵五十名

秋旱麥未播種設廠散粥

五十二年糧價平減

督糧道葛正華捐挑支河兼修常德二倉

知州王道亨修理州署捐修普濟堂育嬰堂

八月

上命
御前大臣協辦大學士侯福康安參贊大臣侯海蘭察領隊大臣護軍統領舒亮普爾普帶領部郎四員官弁一百員征剿臺灣逆匪林爽文經由德州

乾隆五十三年大學士公福康安等擒獲臺匪從犯蔣梃林茂劉懷清何從龍四名解京廷訊於正月二十三日經由德州嗣又擒獲首逆林爽文并從犯陳梅林領陳傳林水返何有志

等護軍統領舒亮解赴天津

行在

廷試於二月二十九日經由德州

知州王道亨挑築大路種植柳株重建墩臺營

房

參贊大臣公海蘭察凱旋回京於四月初九日

經由德州

大學士大將軍嘉勇公福康安凱旋班師於七

月初十日經由德州

妻林黄氏及伊二弟林璀與之妻林吳氏等

於三月十一日押解過境

臺匪從犯賴子王林侯林琴劉德黃富張四林

玉等於三月十四日押解過境

臺匪從犯林勇林漢許光來許向陳牙僻天德

莊大麥莊大韭等并莊大田首級於四月初

八日護軍統領普爾普押解過境

參贊大臣公海蘭察凱旋回京於四月初九日

經由德州

大學士大將軍嘉勇公福康安凱旋班師於七月初十日經由德州

卷二終

【光緒】陵縣志

（清）沈淮修　（清）李圖纂　（清）戴杰續纂

民國二十五年（1936）鉛印本

陵縣卷志七增

賦役志

蠲振

道光二十六年秋水風災奉

詔緩徵錢糧谷家莊等十五莊錢漕並緩徐家莊等二十七莊緩錢徵漕　二十七年春風災奉

詔緩徵錢糧子家道口等一百九十莊緩徵上忙新賦谷家廟等一十八莊緩舊徵新　二十八年秋水奉

詔緩徵錢糧朱家莊等六十莊緩錢徵漕谷家廟等九十六莊緩舊徵新　三十年春旱奉

詔緩徵上忙新賦

咸豐元年秋水奉

詔緩徵錢糧谷家廟等一百八莊錢漕並緩天齊廟等七十三莊緩錢徵漕　是年奉

恩詔豁免道光三十年以前積欠錢糧　二年秋水奉

詔緩徵錢糧李家塔等十四莊緩錢徵漕孫家廟等一百一十九莊緩舊徵新　三年秋水奉

詔緩徵錢糧張龐莊子莊等六十八莊錢漕並緩孫家莊等一百五十三莊緩錢徵漕北關等八十莊緩舊徵新　四年秋水奉

詔緩徵錢糧劉家寨等一百一十九莊錢漕並緩小營莊等五十六莊緩錢徵漕　又因捻逆竄高唐州等處流離難民

尚未復業奉

恩詔緩徵錢糧十分之五漕米十分之三　五年秋水奉

詔緩徵錢糧沙子家莊等九十六莊錢漕並緩劉家寨等四十莊緩錢徵漕　六年春旱奉

詔緩徵錢糧張杜二莊等九十三莊緩徵上忙新賦劉家寨等十一莊緩舊徵新　又秋旱秋水奉

詔緩徵錢糧曹家寨等四十莊錢漕並緩沙子家莊等三百八十七莊緩錢徵漕　七年秋水秋蝗奉

詔緩徵舊欠錢糧　八年秋水奉

詔緩徵錢糧（孫家廟等二百二十莊緩徵舊徵新）九年春旱奉

詔緩徵上忙新賦　又秋水奉

詔緩舊徵新　十年秋水奉

詔緩徵錢糧（蔡家莊等四十莊緩錢徵濟斜廟等五十八莊緩舊徵新）十一年春旱奉

詔緩徵上忙新賦（卜家廟等二百二十五村莊）

同治元年奉

恩詔豁免咸豐九年以前積欠錢糧　二年賊擾奉

恩詔緩徵錢糧（萬家莊等一十七莊錢濟並留郭家莊等二十四莊緩錢徵濟）三年秋雹奉

詔緩徵錢糧（後許家莊等七莊錢徵濟張有道莊等六莊緩舊徵新）四年五年六年秋旱奉

詔緩舊徵新　七年賊擾奉

恩詔蠲免闔境錢糧漕米　又奉

恩詔豁免六年以前積欠錢糧　又奉

恩詔撥剩軍糧賑濟災黎　八年秋旱奉

詔緩徵錢糧（周家莊等一百三十莊緩漕徵錢；康家寨等二十四莊緩舊徵新）　九年春旱秋旱奉

詔緩舊徵新　十年十一年十二年十三年秋收歉薄奉

詔緩舊徵新

光緒元年奉

恩詔豁免同治十年以前積欠錢糧

【民國】陵縣續志

苗恩波修　劉蔭岐纂

民國二十四年（1935）鉛印本

陵縣續志第二十三編

災異

舊志有祥異一目其敘述可謂勤矣惟侈談祥瑞意近迷信視天象不解科學往往因素不常見雖天地自然之現象輒以異視之過矣茲舉事變之成災者與索解無從者略錄之易名曰災異然社會進化知識日擴昔之所謂異至今日已不足異矣今日之所謂異安知至他年不仍以爲不足異耶是所望於科學研究者

鬼剃頭　滿清時人拖髮辮習爲美容同光間白蓮教匪餘孽四竄大肆其鬼蜮伎倆以淆惑人心相傳有所謂鬼剃頭者能夜剪人髮一時謠言沸騰全境大譁每多夜驚幾若鄭人相驚伯有之鬼者然光緒九年冬有臨邑張生

德一者就學於城東之夏莊一夜就寢朦朧間精神恍惚四肢如縛彷彿見有蠢笨如豬者蹀躞而前爾時知覺頓失狀若夢魘未幾熟睡如常及晨興頂上圓光已牛山濯濯矣窗友等見其辮髮失去正駭異間有同學某於廁所檢得之門扃如故窗無裂隙何以竟破壁高飛也張生遂驚悸成疾數月始愈至翌年又就學於邱莊蓄髮裁數寸尚髲之以續貂爲此事張生自述其詳

春霜殺麥　清宣統二年春麥苗暢茂三月初已半秀未齊人咸懷豐年之望詎至十一日夜間北風大作嚴霜再降翌晨麥穗被冰紅日東升立見枯萎農民以收穫無望均垂首咨嗟有芟之以播穀者越日天氣暖和麥之末節復蔗生新芽不兼旬以秀以實屆時亦能成熟統計是年收量尚達豐年之

半數農家復轉悲爲歡是先號咷而後笑之象爲彼劇刈無遺者多懊悔不置云

火災疑案　城東八里許之高莊當民國十三年秋有高際昇者載穀登場遇兩停車於大門內忽而穀火以溼稭而遭焚人咸疑之後乃數見不鮮時而房檐出煙時而壁費自焚時而襆被灰燼甚至有將室內火柴及易燃之物盡行搬出扃戶而室內起火者秫揩草堆尚未半乾而火者尤不一而足始則疑火因人放繼則白晝爲常羣衆警視終未得破綻互猜始釋連續亘七年之久被災者不下二十餘家其酷者且不止一次當時鄉人消弭乏術恐怖萬狀延巫覡者藨醮禳壇研堪輿者拆牆挑道均歸無效惟有儲水待火相助撲滅幸未若楚人之一炬全村盡成焦土耳至民國十九年乃截然自

止無乃見怪不怪其怪自敗歟

該莊火災有謂係燐質延燒者有謂係一種引火虫飛至可燃之物被日光曝燃者然屋內非日光所直射燐素多發見於新掘之墳墓間爲量至微接觸空氣立形發光何能積蓄多量引燒他物且頻頻發見也此兩說似不足解此疑案姑誌之以供科學之研究

李樹德修　董瑶林纂

【民國】德縣志

民國二十四年(1935)鉛印本

紀事

唐虞

禹疏九河

夏

封有鬲氏之國

殷

盤庚元祀河圯于邢

周

封太公於齊賜履西至河

厲幽以降河朔之間爲戎所據桓公略地復收入於齊

齊桓公救燕經由今縣地

春秋傳魯襄公二十五年八月諸侯同盟於重邱經由今縣地

燕侵河上齊景公禦燕經由今縣地

齊匡章伐燕經由今縣地

燕樂毅將諸侯之師取齊靈邱破之濟西經由今縣地

秦

郡縣天下築鬲縣城

西漢

高帝四年韓信攻破歷下軍還定濟北取鬲城置平原郡鬲縣屬焉

文帝十六年封齊悼惠王子白石侯雄渠爲膠東王　白石在縣境

河决館陶開屯氏三瀆

王莽封孺子嬰爲安定公以平原安德漯陰鬲重邱爲安定公國

東漢

鬲縣五大姓攄城反吳漢收其守長五姓降

晉

武帝咸寧五年白麟見

燕慕容垂擒段勤於繹幕經由今縣地

北魏

太和十二年桓天生引兵據鬲城南齊曹虎大破之拔鬲城

十四年齊歸魏鬲城之俘

移鬲縣治於臨齊城

隋

開皇初廢鬲縣入安樂縣立繹幕縣

六年並廢繹幕縣入安樂縣立廣川縣

仁壽元年改廣川縣名長河縣

大業四年開永濟渠

十二年涿郡通守郭絢討高士達於長河爲竇建德所襲死之

唐

天寶十四年平原太守顏眞卿起兵討安祿山兵過長河

興元元年成德軍節度使王武俊由白橋渡河擊滅朱滔取德

棣二州

貞元元年建永慶慈氏二寺

元和四年成德節度使王士真卒子承宗自爲留後割德棣二州上獻詔以薛昌朝爲觀察使九月承宗刼昌朝囚之十月私移長河縣於永濟河西岸帝以田渙爲二州團練使詔令歸昌朝承宗拒命帝遣吐突承璀討之

十年又移置長河縣於河東小胡城

十一年程權敗承宗於長河

十二年承宗以兵二萬入東光

十三年承宗復獻德棣二州赦承宗六月給復德棣滄景四州

一年

王廷湊獻景州仍據弓高樂陵長河三縣

光化元年朱温敗劉守文軍自魏至於長河

後晉

天福元年移德州治長河縣以安德來屬設沿河廵檢

按晉割十六州於契丹長河縣小弱移德州鎮之

開運元年契丹麻荅陷德州執刺史尹居璠沿河廵檢使梁進

以社兵復之

後周

顯德元年以德州還治安德縣廢長河縣爲長河鎮

宋

景祐元年移將陵縣治長河鎮

二年廢安陵入將陵

皇祐元年河決入永濟渠
嘉祐五年河決魏州東流經將陵東南境
熙寧七年八月地震
紹聖元年河決將陵埽壞民田
金
立劉豫於齊濟南屬焉
按將陵縣當時亦屬僞齊
擒劉豫兵經由今縣地
按劉豫將被擒星隕于平原鎮今落星坡是也
天會初割將陵縣北半立吳橋縣
七年置漕倉於將陵

大定九年冬飢賑

十六年旱蝗免租賦

二十年免十九年租賦

二十七年命將陵等縣官帶勾管河防事

大安二年六月霪雨大飢

興定四年封王福爲滄海公以將陵隸之福以所隸降於元

元

太祖元年秋帝與皇子托哩取河間滄景等州

按將陵縣時屬景州

太宗時元帥何寔遇寇於將陵擒殺之

憲宗三年改將陵隸河間路旋又升將陵縣爲陵州隸濟南路

中統三年濟南李壇反詔籍兵守城
四年陵州達魯花赤蒙哥戰死詔其子忙兀帶襲職
至元元年大水
二年旱蝗
降陵州仍爲將陵縣
三年復升將陵縣爲陵州廢故城縣爲鎮入焉復隸河間路
改將陵倉爲陵州倉設監支大使等官
五年大水免田租
八年蝗
十九年旱二十年緩征
二十一年大水

二十二年蝗

河水壞田

二十三年割陵州西南復立故城縣

按金明昌中河北立故城縣元至元三年收入陵州至此又

割陵州立故城縣

二十四年霪雨傷禾

二十六年大水害稼弛河泊之禁

二十七年飢免本歲銀俸鈔秋免賦絲之半又免流民租賦及

雜課冬免逋賦

二十八年九月霪雨大水免被災田賦

二十九年發陵州倉米賑

三十一年知州秦政改建儒學

元貞元年旱

大德元年旱減田租

詔天下州縣通立孔廟

三年置捕盜司

七年五月大水稼禾不登

八年免人戶差稅一年

知州衛益之修學宮

十年發陵州倉賑濟

皇慶二年飢減田租

延祐二年飢給糧兩月

知州杜明修學宫

四年河間路總管迪哩彌實收陵州羣兇爲民害者䋣死於獄

至治元年飢冬賑

二年蝗水五月賑免常賦之半

泰定帝元年六月霪雨水沒田廬稼禾冬賑兩月

二年春飢六月蝗

三年三月賑濟四月減田租

致和元年飢賑鈔

至順二年夏大水十月遣官和糴於通漷陵滄四州

至正二年春飢賑鈔

六年春大飢地震

七年二月地震

九年知州賈棟修學宮

十七年毛貴亂山東其黨田豐據東昌帝命平章政事達蘭參知政事諳達中書參知政事崔敬分省陵州

十八年東昌賊將北寇道出陵州也速邀擊於景州斬獲殆盡

明

洪武元年閏七月壬子常遇春克德州今陵縣八月督都韓政分兵守陵州

立守禦千戶所

降陵州爲陵縣隸濟寧府

二年詔天下州縣立學

詔免田租

六月陵縣改隸德州

三年立里社給戶帖免田租

五年大饑

七年省陵縣移德州治焉並廢安德縣入之領平原德平二縣

隸濟南府

八年詔立社學

七月大水

九年改守禦千戶所爲德州衛

十年知州閻九成移學宮

十三年立陵縣於廢安德縣割其明善崇德二鄉屬德州

詔免田租
秋八月詔天下學校師生日給廪膳
十四年造黃册
十五年詔免山東田租
十六年命天下學校歲貢士於京師
十七年定鄉會科三年一舉
二十三年正月地震
八月水免田租賑濟
二十四年會通河淤自濟寧至良鄉立八遞運所以備陸運由
德州
傅友德調德州衛軍備北平邊

二十六年詔天下州邑衛所植桑棗

二十八年德州大水壞城垣免稅糧

三十年督都張文傑指揮徐福建磚城於城南開窯燒磚今南窯上火房二村其遺址也

建浮橋

三十一年免明年田租之半

建文元年二月命督都韓觀練兵於德州

七月燕王棣反九月帝命李景隆至德州合兵五十萬討燕進營河間韓觀築進城十二於城東北以護倉儲

十一月李景隆及棣戰於鄭村壩敗績奔回德州

二年四月景隆與燕兵戰於白溝河敗績奔回德州燕兵隨進

攻德州五月景隆奔濟南燕將陳亨張信陷德州收糧百餘
萬石八月盛庸鐵鉉領兵復德州帝以庸爲平燕將軍屯德
州
三年三月盛庸合兵二十萬與燕兵戰於夾河敗績奔回德州
永樂元年蝗飢
二年春賑
九月鑄農器給貧民
十一月地震
五年立德州左衛
置遞運所於城西北
按洪武二十四年立八遞運所德州未立至此始置

除逋賦

六年除荒地租

七年十二月賜民頻年遞運者田租一年

九年知州何原建壇壝建城隍廟

治河尚書宋禮疏會通河入土河開四女樹又名四女寺減水河

置安德馬驛於南關太平馬驛於恩縣北安德水驛於西關梁莊水驛於城南良店水驛於城北

十年修永慶寺

十二年五月雨雹傷麥

十三年六月大水免田租

置德州漕倉名廣積倉以戶部司員分司倉事

置預備倉

十四年正月飢賑免逋賦

七月蝗遣使捕之

十五年蘇祿國東王來朝卒於德州遣官營葬城北諡曰恭定

十九年督都曹得卒遣官祭葬於城東北其塋在曹村西北

二十一年用巡按陳濟言德州立廣川關榷商税

洪熙元年詔免山東租税之半

宣德二年春旱飢勸富者貸民粟

五年命河南山東糧皆運於德州倉

八年遣户部司員監兑倉米

九年七月旱蝗傷稼飢

十年詔天下衛所立學

四月蝗蝻傷稼

正統元年閏六月大水害禾

二年四月蝗

四年夏連日烈風禾苗盡敗

五年設提督倉務官

六年革廣川關

八年移德州倉三分之一爲京通倉

知州韋景元修城建譙樓修學宫

十三年從御史林廷舉之言引漳水入衛河以便漕運自此運

河水渾

知州鄒銘修學宮

十四年移北廠戶部分司於城東南隅移德州倉於南門內移常豐倉於西門內移預備倉於城隍廟南

景泰元年大水飢

三年大水

十一月遣使撫輯山東流民

四年冬大雨雪人畜凍死

五年大水河溢

知州洪釗修學宮建文昌祠

知州洪釗始編德州志稿

七年恒雨傷田

天順元年封皇子見潾爲德王後移濟南

賜王子見沛田名徽王莊在今縣境

七月大雨河與堤平大飢人相食

五年改監兌分司爲管糧分司

八年立武科

成化三年德藩莊王見潾之國

徽王就封均州莊爲民田

八年知州楊愷修學宮

九年大飢

知州王縉建鄉賢祠名曰聚賢堂

詔故刑部侍郎宋性入鄉賢祠

十八年大水

二十年大旱

知州王縉建大橋由黄河涯通平原路又建土橋於界河通陵

縣路

二十一年改太平驛歸恩縣

宏治元年大飢

十二年建董子祠於學宫東

十五年九月地震壞城垣民舍

正德五年知州甯河令四鄉民來居城市築羅城

按劉六劉七之變將作故有是令民既來城令婦女在城内

丁壯在關廂築羅城以衛之羅城繞東關鐵佛寺南關玉皇

閣西連御河堤

六年春流賊劉六劉七率兵數萬犯州城知州甯河守備桂勇率兵擊却之

按劉賊自城南豆腐巷渡河甯公率丁壯守羅城桂公勒兵嚴備城門洞開賊疑不敢入嗣移攻東南入羅城者二十餘人盡殲焉又移攻北門桂公遣騎偵虛實伏兵連城夜縱擊之賊潰去州境以安

七年黑眚見發倉賑濟

八年立大教場於城西南

十六年知州王翊修學宮

嘉靖二年正月地震是年大旱

三年正月朔地震

七年知州何洪大修羅城廣袤二十餘里

八年大飢

九年詔天下學宫易聖賢像爲木主

詔建啓聖祠

大水平地丈餘人多溺死

十年詔兩衛士子附州學設廪增及貢額增設訓導一員

十七年大旱

二十年春黄風晝晦飲食以燈

二十三年州人葉洪樹柏三百本於學宫

二十四年知州陳秉忠修學宫

是年建名宦祠於儒學西

二十六年頒御書程子四箴勒石於學宮

三十年蝗飢

三十一年大水傷禾

三十二年元旦日食

三十四年地震

三十九年大旱無麥穀

四十年飢大疫

四十一年火災無麥

四十五年知州邢奎修學宮

隆慶元年選義勇武生增立二營以遊擊一都司一分統之一

駐濟南一駐德州
二年旱蝗冬大雨雪
三年河決平地水深丈餘
五年正月朔日當食不食
六年河決
萬曆元年秋不雨無麥
二年諭祭光祿寺卿盧宗哲
州人馬九德建石橋於南門外
三年河決
四年知州唐文華始修州志
設參將於德州

十六年敕建韓節婦焚身祠

按節婦係韓承業之妻生員王會禮之女見閨範志烈節

二十五年河水淸

知州劉道修學宮建文昌閣改文昌祠爲名宦祠改名宦祠爲學署

三十五年河決大水護城堤障之城市無恙

四十年署知州濟南同知孫森大修州城建雁塔建振河閣移河西流折而北又折而東築廻龍壩浮橋西移改東西爲南北

四十三年知州馬明瑞移董子祠於河上建醇儒書院

四十四年夏蝗大飢

四十八年州人劉汝梅與任氏族人建土河內任家橋

天啓二年武邑白蓮教于宏志作亂於白家屯武德道來斯行

率州兵會天津景州兵擣其巢穴剿滅之

五年知州安受善修州志

六年夏地震

知州安受善修學宮

崇禎元年常豐倉災

按常豐倉災移就德州倉名曰常德二倉清朝發滿洲兵米

在此名曰常德兵米

三年大水

四年州人程紹建顏魯公祠

五年移武德道駐德州

六年四月黑風晝晦飄刈麥無存

七年參將馬爌擊大盜賈邦煥於王官店平之

十二年諭祭贈工部尚書程紹

十三年大旱禾盡槁

十四年春疫

十五年四月大雨雹

大盜李青山亂山東四月十六日新撫王永吉至德州檄總兵

劉澤清擒滅之

十六年十一月地震

十七年春疫

三月十八日李自成陷京師遣賊將郭陞狗山東四月初八日陞陷德州設僞武德道閻杰僞知州吳徵文州人御史盧世漼趙繼鼎主事程先貞推官李讃明生員謝陞等合謀誅之爲懷宗發喪起義兵討賊並誅景州故城武邑東光等處僞官

秋七月清遣官撫定德州盧世漼等全城歸附士民安堵

清

順治元年以張有芳爲德州知州

豁除明季加派三餉及派買津糧

詔免本年租稅三分之

起用明代原官舉貢生監皆與原品冠服

二年設滿洲駐防兵

遣官祭大學士謝陞

定文武鄉會科

三年恩科鄉試

裁衛指揮千百戶等官改設守備千總

裁訓導二員

移滿洲兵駐江寧

四年恩科會試

定州衛入學額各四十名

平原土賊張二幌子祁和尚唐喝子作亂十一月二十九日假

充武德道入道署刼道庫旋赴州署知州劉思文率姪劉珍

甥蔡經邦射中賊賊遁武德道祝恩信率兵追至黃河涯殲

滅之

五年舉行恩貢

八年德正左二衛改隸山東都指揮使司

十一年復設滿洲駐防兵

豁免六七兩年地丁民欠

以州失業民抵補坐落景故吳之衛屯地武德道發給道照

十三年豁免八九兩年地丁民欠

十五年定州衛入學額各十五名

恩科鄉試

驛馬營馬均令烙印

十六年恩科會試

十七年抽兵一百名歸武定營

遣官祭都御史趙繼鼎

康熙三年裁稅庫局

蠲免順治十五年以前民欠各項銀米及藥材細絹布疋等項

錢糧

抽萊州兵三百名馬六十匹歸德州營

四年裁管倉分司以萊州府通判領倉務駐德州

夏旱

詔免本年民間田租

蠲免順治十六七八三年各項民欠錢糧

知州馮重華修州署

禁衛所内不法强徒强索民間富户與遠年絶軍同姓帮貼運費

六年裁武德道

五月旱蝗不傷禾

七年六月十七日地震

八年給還本年圈地嗣後永行停止

抽大名府兵二百名馬四十匹歸德州營

九年全裁訓導

濟東道移駐德州

定州衛武學額各十五名

遣官清丈地畝給還民間圈地百餘頃

十二年知州金祖彭修學宮修州志

濟東道兼管驛傳

十三年冬滿營兵從多羅信郡王討吳逆

十四年和碩康親王率兵討耿逆經由令縣

十七年知州佟淮年建義學修浮橋建奎樓並董顏祠

十八年濟東道移駐濟南萊州通判移駐濟東道署督糧道移

駐萊州通判署

督糧道徐宏業增修道署

十九年和碩康親王凱旋經由令縣

復設訓導一員

蠲免十二年以前民欠錢糧
二十三年剷平三孽康熙帝東巡躬祀岱宗祭告
闕里經過今縣並詔經過地方次年錢糧盡行蠲免
知州許嗣國清理民間寄糧地分立官戶生戶民戶
二十六年裁管河州判一員淺夫百名
分州境爲二十八地方
豁免十三年以後加增各項雜税
豁免自用兵以來一應動用錢糧累年未淸者
二十七年裁左衛並裁守備一員所千總七員
按德有正衛左衛是年裁左衛歸併正衛名曰德左二衛
二十八年康熙帝南巡閱視河工高家堰一帶堤岸經過今縣

蠲免次年錢糧

二十九年運河淤知州吳軫與紳士捐欵僱夫挑淺

蠲免本年地丁錢糧

三十年州人陳洪諫建文武閣 即欒玉廟西閣

三十一年蠲免一年漕米借給窮民捐貯穀石

三十二年舉行恩貢

三十四年知州許嗣國查造失業戶冊

三十五年豁免漕項積欠及帶徵未完銀米

三十六年撤回萊州通判以濟南通判駐德州

免徵未完地丁銀米

三十七年緩徵令大臣保舉賢能司官二員會同地方官賑濟

三十八年康熙帝奉太后南巡由水路經過今縣至江南清河

親閱高家堰歸仁堤

四十二年河工告成康熙帝南巡經過今縣至江南閱視河工

夏大水

差司員會同地方官賑濟

截留漕米二萬石減價平糶

四十三年豁免地丁銀米

免徵歷年積欠在民錢糧

四十四年康熙帝南巡閱視河工經過今縣

詔罪人減等

豁免山東全省丁銀

遣官祭戶部左侍郎田雯

知州王朝佐免徵淺夫

四十五年建頌德亭於西關河上

蠲免四十二年未完民欠

四十八年康熙帝南巡經過今縣至江南閱溜淮套別開河道

督糧道朱廷禎建柳湖書院

五十一年立鹽關於桑園總漕委員稽查回空漕船有無私鹽

五十二年立皇會於教場祝萬壽（至六十一年止）

蠲免山東全省丁銀

恩教鄉會試

舉行恩貢

五十六年豁免分年帶徵銀兩

五十七年巡撫李樹德築磚堤於小西門外名李公堤

五十九年六月地震

徂徠山賊梟曹八聚衆搶掠新泰萊蕪市鎮驛使往來經過今

縣

六十年獲曹八解京正法由今縣經過

雍正元年詔封

至聖先師五代王爵

詔建忠義節孝祠

州衛入學廣額七名

恩科鄉會試

舉行恩貢

緩徵康熙五十八年至六十一年民欠錢糧

賑濟三月

改德州營屬兖州鎮抽兵十三名歸鎮又抽兵三名歸桃源集

又抽兵三名歸沂州營

二年添滿洲披甲兵一百六十名立新營

定德州爲散州撥德平平原二縣屬濟南府

知州陳留武修學宫

三年丁歸地畝

按地畝每賦銀一兩合攤丁銀一錢一分五厘

立滿洲兵教場於東門外

知州陳留武建崇聖祠節孝祠

大水

緩徵康熙五十八年至雍正元年帶徵錢糧

德州學文生廣額五名

四年賑麥有秋

建先農壇於南門外

疏濬大清河以工代賑並給老幼殘疾口糧

五年築大路東南由李家河渡河

巡撫陳世倌全裁淺夫

七年安德馬驛歸州裁驛丞

地震

免山東地丁銀四十萬兩

八年建州倉一百二十間於州治前建衛倉二十間於衛署

賑三月

九年建育嬰堂

督糧道徐聚倫重修道署大堂

詔免山東地丁銀四十萬兩

十年巡撫岳濬知州烏仲建新鄉賢祠移歷代鄉賢主於其內

十一年水

建普濟堂

十二年濬南支河明宋禮所挑故道開北支河

改御河於小西關西移浮橋橋又東西於廢河中舊浮橋處築

堤而路

建北支河橋橋北有方亭

督糧道廣壽捐買義田一頃四十九畝餘歸普濟堂收養貧民

豁免歷年民欠錢糧

十三年增馬步兵

乾隆元年恩科鄉試

舉行恩貢

州衛入學廣額七名

知州王一夔修州署

二年恩科會試

裁滿洲營筆帖式一員

四年督糧道趙城修學宮命州人杜無逸董其事工最善

七年安德水驛良店水驛梁莊水驛皆歸州裁驛丞三員

八年大旱

發倉穀賑濟

發帑修城以工代賑

九年截漕賑濟山東被災十三州縣衛

十年知州劉元錫修城工竣報銷

清出德左二衛贍運屯田坐落直隸山東地二千四百二十九

頃有奇令原承種貼租之軍民納租每畝租賦一分隸本衛

者由衛徵租隸直隸者造册咨直督轉飭州縣代徵關解分

給各丁襄運

十二年大水

是年歲歉收

緩徵新舊錢糧

發給山東鄒平等九十州縣衛被沖民房銀兩極貧者一兩五錢次貧者一兩再次貧者五錢

截漕賑濟

十三年輪免山東全省地丁銀

乾隆帝奉太后東巡秩於岱宗釋奠

闕里經過今縣

詔免次年錢糧十分之三

州入學廣額三名

分別賞賚兵民有差

歲有秋

十四年春秋稔

十五年春秋稔

十六年乾隆帝奉太后南巡適逢太后六旬慶壽使兆庶得伸

祝嘏之忱並閱視海塘經過令縣

詔免錢糧十分之三借欠穀石分別緩免

州衛入學廣額五名

分別賞賚兵民年七十八十以上者

緩徵災民借穀

舉行恩貢

十七年恩科鄉會試
十八年建頌德亭於玉皇閣外
督糧道汪漢倬建繁露書院
二十年知州宮懋讓改二十八地方爲三十九保
二十一年建恩泉行宮
乾隆帝東巡祭告
闕里經過今縣
詔免錢糧十分之三
分別賞賚兵民年七十八十以上者
二十二年大水
乾隆帝奉太后南巡經過今縣

分別賞賚兵民年在七十八十以上者

緩徵新舊錢糧及民借倉穀籽種

急賑一月又分別極次貧民照例加賑

給冲塌房屋銀兩貧乏農民酌給麥本

分別被災分數蠲免錢糧

二十四年歸併臨淸倉於督糧道管理

二十五年裁德州左衛左所右所千總至是千總盡裁

大挑支河

恩科鄉試

舉行恩貢

二十六年重修恩泉行宮移徙數丈

恩科會試
大挑支河
河決草壩蔡家莊等處
分別被災分數蠲免錢糧
二十七年州判移駐邊臨鎮
乾隆帝奉太后南巡並閱視河工海塘經過今縣
豁免二十七年以前濟南各屬因災緩貸各項銀十三萬有奇
詔免錢糧十分之三
分別賞賚兵民年在七十八十以上者
蠲免起存地丁銀兩
分別賑卹被災貧民極貧之戶加賑二月次貧之戶加賑一月

二十八年改御河繞上碼頭村西至月河

裁德州倉大使歸糧道庫大使

二十九年知州宋文錦修州署

三十年乾隆帝奉太后南巡並閱視河工海塘經過今縣

分別賞賚兵民有差

詔免錢糧十分之三

三十一年輪免山東全省漕糧

賑濟貧民銀穀並免起存地丁銀兩

三十二年十一月州民陳三之妻楊氏一產三男

本年地丁錢糧緩至秋後起徵

秋禾被水勘不成災借給貧民麥本並緩徵錢糧倉穀

三十五年恩科鄉試

三十六年太后八旬萬壽乾隆帝奉安輿東巡祝釐泰岱並謁

闕里經過今縣

詔免濟南等六府屬新舊借欠麥本

詔免山東節年因災借欠常平穀

詔免錢糧十分之三

分別賞賚兵民有差

恩科會試

舉行恩貢

大挑支河

知州石之珂分州境爲六鄉三十四保

秋禾被水勘不成災緩徵錢糧及民借穀石
三十七年輪免山東全省錢糧
州衛入學廣額五名
豁免三十六年因災出借及三十五年以前積欠社穀
三十九年八月王倫聚衆作亂上命大學士赫舒德率京兵討
之經過今縣滿漢二營兵隨征至臨清殲滅之
知州李燕經理軍需不擾民
四十一年乾隆帝以平定金川奉太后南巡詣岱祀祭告成闕
里經過今縣
詔免錢糧十分之三
分別賞賚兵民有差

乾隆帝駐蹕時有解金川俘行至今縣帝親訊各磔之

州衛入學廣額五名

豁免帶徵三十九年漕米

蠲免三十七八兩年民欠常平穀

四十二年督糧道曹錫寶捐置義田修育嬰堂

督糧道何裕城重修道署

四十三年旱

詔將四十四年輪免山東全省錢糧即於本年全行蠲免

飭各官捐廉賑䘏貧民

十一月州民趙桐妻一産三男

濟南府通判元克中重修衙署

四十四年恩科鄉試

知州劉永銓修學宮

四十五年乾隆帝南巡閱視河堤海防經過今縣

詔免逋賦

詔免錢糧十分之三

分別賞賚兵民有差

恩科會試

舉行恩貢

豁免被災貧民四十二年借欠常平米穀四十三年借欠常平穀籽種麥穀並豁免偏災各戶四十四年民欠南漕米穀

賜給百歲壽婦趙如倅之妻晉氏坊銀綵緞

四十六年輪免山東全省漕糧

四十七年夏蝗秋無雨麥未播種

四十八年六月始雨布種晚田秋旱麥未播種

四十九年乾隆帝南巡閱視河工海塘並謁

闕里經過今縣

詔免錢糧十分之三

豁免被災貧民四十四年借欠南漕米穀並放賑

分別賞賚兵民年在七十八十以上者

秋旱麥未播種

冬賑

舉行恩貢

五十年春賑錢糧緩徵設廠散粥

截留漕糧停運

恩賞窮民兩月口糧借給籽種銀兩飭令各官捐廉勸導紳衿

商人煮粥賑濟

秋旱麥未播種

錢糧倉穀緩至明年秋後徵收嗣後分作五十一五十二兩年

帶徵

五十一年運截留漕糧至德平臨清

添設滿營步甲兵五十名

秋旱麥未播種設廠散粥

五十二年糧價平減

督糧道葛正華捐挑支河兼修常德二倉
知州王道亨修理州署捐修普濟堂育嬰堂
八月命御前大臣協辦大學士侯福康安參贊大臣侯海蘭察
領隊大臣護軍統領舒亮普爾普帶領部郎四員官弁一百
員征勦臺灣逆匪林爽文經過今縣
五十三年大學士公福康安等擒獲臺匪從犯蔣梃林茂劉懷
清何從龍四名解京廷訊於正月二十三日經過今縣
又獲臺匪首逆林爽文並從犯陳梅林領陳傅林水返何有志
等護軍統領舒亮解赴天津行在廷訊於二月二十九日經
過今縣
知州王道亨挑築大路種植柳株重建砲臺營房

臺匪首逆之妻林黃氏及伊弟林耀興之妻林吳氏等於三月

十一日押解過境

臺匪從犯賴子玉林𠈁林琴劉德黃富張四林玉等於三月十

四日押解過境

臺匪從犯林勇林淡許光來許尚陳牙簡天德莊大麥莊大悲

並莊大田首級於四月初八日護軍統領普爾普押解過境

參贊大臣公海蘭察凱旋回京於四月初九日經過今縣

大學士大將軍嘉勇公福康安凱旋班師於七月初十日經過

今縣

五十四年知州王道亨重修州志

五十五年帝八旬萬壽詔免錢糧

巡幸山東詔免進車騾御河漕船民船御舟行過即放行

夏秋大水錢糧蠲緩

五十六年諭春賑外再加兩月

五十七年建御碑亭於永慶寺碑繙書四體以昭武功

疏濬運河

五十八年停止捐例惟貢監仍舊

五十九年御河撈淺東壩雖上年疏濬仍得遵辦

六十年春正月朔日食

開恩科鄉會試

嘉慶元年白蓮教匪肇亂

四年夏四月日月合璧五星聯珠

六月旱蝗不入境

大赦

六年大雨窪地被災

七年安南王阮福暎遣使進貢經過今縣

八年教匪秘密傳教潛入境內

九年東撫鐵保籌辦臨淸至德州北運河導源泉蓄湖水以利

水道

十年開濬支河詳見宦蹟志孫星衍傳

十一年滿兵駐防五百口爲一戸漸增至二千七百餘口而額

餉無可加歲支道倉米七千八百石內有折色三千餘石每

石支銀一兩昔賤今貴折色不敷其半官兵日形苦累而道

倉支賸餘未歷年運交通倉需費兩千餘兩至是督糧道孫星衍因請以存米給官兵本色除折色不惟恤滿兵且省運費從之

十二年逮捕教匪幾盡更有天理教八卦教等名目

十三年倉粟多黴變督糧道汪玉霖命以新易舊民皆便之疏濬運河

十四年帝五旬萬壽覃恩有差秋旱減收

十五年旱督糧道汪玉霖請蠲緩賑恤軍民實惠均霑

教案迭起衛守備朱廷蘭被株連督糧道汪玉霖力爲昭雪得復職

十六年漕船春兌春開先是冬兌春開給事中吳邦慶奏改之

十七年修理行宮務從節省

十八年春彗星見光數丈

直豫教匪滋起大學士托津駐軍大名聞德州匪徒蠢動將派兵猜劉知州徐紹薪力保無他民獲安堵

十九年德州營隸曹州鎮標右營

二十年各官署懸御製官箴二十六章

二十一年整頓保甲

二十二年冬大雪四晝夜

二十三年運河老虎倉决口

二十四年帝六旬萬壽詔開恩科鄉會試覃恩有差

修築運河堤岸截留漕糧以工代賑

二十五年七月帝崩成宗即位以明年爲道光元年

道光元年詔開恩科鄉會試

二月彗星見西方

大赦

南支河刷埝波及衛地

運河水漲瘟疫流行知州邵元章築堤施藥民咸頌以召父

二年明儒劉宗周從祀孔廟

堵築漫口堤埝

三年清儒湯斌從祀孔廟

運河第八屯决口

四年秋霪雨蝻生多蟲

五年明儒黃道周從祀孔廟

督糧道魯垂紳建立義學四處一在苗家胡同一在戶部前街

一在城西董子臺一在城東邊臨鎮

漕船水手籍潘安老安新安等名目各爲一幇以老官爲首領

聚衆挾制旗丁漕船進止悉聽操縱德州爲漕船停舶往來

之地至是奉明令查禁

六年唐儒陸贄明儒呂坤從祀孔廟

八年明儒孫奇逢從祀孔廟

是年德州旗兵駐防生殖日繁仿靑州餘兵制選精壯者百五

十名編制訓練每名月餉銀一兩以滿營馬價銀六千兩滋

庫餘平項下撥銀一萬四千兩共二萬兩發當生息爲餘兵

月餉基金

秋大水

十年禁額外徵收錢糧

禁鴉片定嚴章

十一年帝五旬萬壽詔開恩科鄉會試

十二年濬運河

十三年嚴查漕船積弊

十四年大風拔木風自登萊二郡來

整理泉湖蓄水積運

十五年皇太后六旬萬壽詔開恩科鄉會試

十六年御製儆心錄訓飭州縣

知州舒化民創設賓興添立義學三處一在永慶寺一在龍神廟一在城隍廟

十七年運河挑濬工價每年定議銀數不准過六萬兩

十八年大旱

十九年查禁鴉片

二十年夏大水冬大雪嚴寒

二十一年帝六旬萬壽詔開恩科鄉會試其正科先一年舉行

覃恩有差

二十二年旱雹

二十三年四月彗星見

二十四年皇太后七旬萬壽詔開恩科鄉會試

夏水

二十五年查拏教匪盗匪

二十六年宋儒文天祥従祀孔廟

冬奉詔甃甋捕務並因旱清理庶獄

二十七年奉諭會拏捻匪

二十八年柏葰陳孚恩奉諭密查捕務過德

清查倉庫

二十九年宋儒謝良佐従祀孔廟

三十年春正月帝崩文宗即位以明年爲咸豐元年

咸豐元年春詔開恩科鄉會試

宋儒李綱従祀孔廟

夏修運河堤

二年宋儒韓琦從祀孔廟

大赦

三年粵匪林鳳翔由城東取道據連鎮

粵匪告警李把總探報匪至闔城傾動卹而非實插箭遊街以

安人心

四年以先賢公明儀從祀孔廟

是年春巡撫張亮基以兩千餘人駐德操練

張亮基設伏兵於留智廟以防粵匪南竄監生郝志舜糾衆有

異志張亮基誅之

夏粵匪由連鎮繞城東南竄

五年春僧格林沁奉命南征過德

民團在城北長莊一帶與官兵衝突僧格林沁欲洗其莊知州張應翔以全家力保無他民獲安全

七年以先賢孔氏孟皮配享崇聖祠

以先賢公孫僑從祀孔廟

八年秋彗星見西北芒掃三台並及文昌四輔

知州張應翔衛守備葉守訓捐廉增建州衛書院號舍培養士子

九年宋儒陸秀夫從祀孔廟

知州張應翔衛守備葉守訓與紳民擴充州衛書院

十年帝三旬萬壽詔開恩科鄉會試覃恩有差

以明儒曹端從祀孔廟

以捐餉廣加文武學定額各一名

十一年鹽梟蠢動分駐重兵以防與捻匪聯合

夏彗星見西北長數尺犯紫薇

秋七月帝崩穆宗卽位以明年爲同治元年

同治元年春詔開恩科鄉會試

僧格林沁以軍餉不足命德州亦按畝認捐

大疫

夏大赦

臨清土匪擾及邑境

秋慧星見西北長竟天

二年春太白晝見
以漢儒毛亨明儒呂柟從祀孔廟
奉令定先賢先儒位次
夏詔以明儒方孝孺從祀孔廟
三年巡撫閻敬銘奏請停止畝捐
四年春正月太白晝見
五年教匪趙熙沅伏誅
六年儒學廣儲書籍
夏戒嚴防捻匪任柱賴文洸
七年春巡撫丁寶楨率兵渡河防捻匪張總愚
恭親王李鴻章左宗棠等駐兵吳橋東光德州東昌高唐茌平

一带防捻官绅办团练守城

李鸿章左宗棠防运欧捻西捻荡平

诏以宋儒袁燮从祀孔庙

以捻匪平蠲免钱粮

八年秋知州赵新禀报太监安得海过境巡抚丁宝桢追及泰安诛之

九年春拨司库银六万两修运河

十年冬以清儒张履祥从祀孔庙

十一年帝大婚礼成并上两宫皇太后徽号覃恩有差

冬巳重轮抱珥五色

十二年春上两宫皇太后徽号覃恩有差

撥德州駐防旗兵補充杭州防兵額數

十三年夏彗星見

冬慈禧太后四旬萬壽覃恩有差

十二月帝崩

德宗卽位以明年爲光緒元年

光緒元年詔開恩科鄉會試覃恩有差

詔以先儒許慎陞世儀從祀孔廟

二年修東城

歲歉收蠲緩錢糧

三年大旱瘟疫流行

冬十二月辰星勾月

詔以漢儒劉德宋儒輔廣從祀孔廟

四年禁燒酒以裕民食

詔以先儒張伯行從祀孔廟

六年設電報局

七年彗星見東北

儲倉穀

八年秋彗星見東南

冬地震

九年彗星長竟天

禁止在理教

十年修築運河兩岸

冬皇太后五旬萬壽覃恩有差
十一年秋河决於城北閘子口
十二年截漕以賑飢民
十三年重修孔廟自四月開工至十六年告竣
十四年夏地震
十五年春因親政大婚並上皇太后徽號禮成覃恩有差
黄河清
夏大雨綏徵
十六年帝二旬萬壽覃恩有差
頒世祖勸善要言於學宫同聖諭廣訓着宣講生朔望一併宣
講

十八年製州境全圖設局測繪

詔以宋儒游酢從祀孔廟

二十年皇太后六旬萬壽開恩科鄉會試

秋上皇太后徽號覃恩有差

中日宣戰布告中外

建設新學署於明倫堂西

二十一年設車船轉運局備日戰輸送糧餉

詔以宋儒呂大臨從祀孔廟

三月中日戰息

二十二年孔廟添置樂器

山東修通志呈送德州志略

裁減綠營

二十三年知州錢祝祺督建安懷所恤嫠院

得魏高慶碑於城北第三屯

設立郵政局

二十四年春正月朔日食

改義學爲蒙養學堂

以策論試士

秋太后訓政復制藝

二十五年義和拳蠢動

二十六年帝三旬萬壽開恩科鄉會試嗣以時亂暫停頒覃恩

詔

設城防局於永慶寺以防義和拳

秋七月朔駐德左軍統領孫金彪與義和拳戰於藥王廟柴市

南關一帶帮統張春先被害

太白晝見

巡撫袁世凱立山東界牌外兵不入境

二十七年停止武科

改試策論經義

省垣成立高等學堂令各州縣送學生考入

二十八年春正月地震

詔補行庚子辛丑恩正併科鄉會試

裁綠營兵改練巡警設立巡警局

裁衛守備

考取北洋保定師範生

二十九年夏六月二日地震十七日又震

通用銅元每枚合制錢十文

州衛書院改建縣立第一高等小學校

北洋機器製造局建於西城外上碼頭迤北至民國改爲兵工廠

三十年皇太后七旬萬壽覃恩有差

二月朔日食

省垣成立師範學堂令各州縣送學生考入

三十一年七月太白晝見

改滿營爲常備軍

改學政爲提學使

停科舉及歲科試

設師範傳習所於繁露書院

三十二年冬十二月日食

增優貢各省二十名

三十三年至聖先師孔子升大祀

詔裁旗兵月餉別籌生計

省垣優級師範選科學堂成立令各州縣送學生考入

三十四年疏濬運河

裁督糧道

夏五月大雨雹大風拔木

六月旱

秋九月津浦鐵路開工

詔以清儒顧炎武王夫之黄宗羲從祀孔廟

冬十月帝崩遺詔以載灃之子溥儀爲嗣皇帝以明年爲宣統

元年載灃爲攝政王監國

慈禧太后葉赫那拉氏崩

宣統元年宣示實行預備立憲

舉石夢元張家楨爲孝廉方正

選科加倍取錄以後停止

省諮議局成立當選議員魏壽彤

立勸學所

二年先儒劉因宣趙岐從祀孔廟

津浦鐵路在城西阻當至河干大路邑人吳光弼等極力交涉

另開橋洞始得通行

三年兩儒學先後裁撤所有學田歸勸學所爲常年經費

設宣講所閱報社以開通民智

設農業學校女子學校

在倉樓設立第二高等小學

隆裕太后及清帝遜位改用陽歷以冬十一月十三日爲中華

民國元年元旦

民國

元年改州爲縣

縣議事會參事會均成立

國民黨共和黨統一黨均成立

衆議院當選議員閻與可

省議會當選議員羅文齋劉蔭岐陳銘鼎

公舉旗人國祥爲城守尉

州吏目改爲管獄員

二年解散縣議會

縣長金榮桂移治道署警察所移於縣署

設清理地方款產處於儲庫廳

奉省令將本縣所有營田官地荒地借倉穀變價存款作購田地之用俟售出後所得之款除抵倉穀價外餘作地方公款

三年裁醫院分所　先是督糧道周開銘以漕務處餘款設立於縣警備馬隊成立餉由新加附捐及裁撤醫院款內支領

是年裁撤款歸警備馬隊

各政黨均奉令取消

四年夏五月九日政府承認日本強迫二十一條全國爲恥以是日爲紀念日

五年辦理清鄉

設通俗圖書館於南門甕城三義廟內

六年秋運河決口於恩縣耿李莊水繞城垣僅露七磚而兵工廠位於城外西南方亦被水圍繞以船舶出入時吳橋縣民數百人越境來城北長莊堵堤遂致不能宣洩全城民衆見

水勢汹湧城關幾將不保大動公憤擬往宣洩縣長金榮桂
極力排解旋因水勢過猛將堵築之處冲開水遂漸消
免錢糧籌賑濟
七年令設管理地方財政處接前款產處辦理
衆議院改選杜惟儉當選爲議員
德恩吳三縣官紳會合疏濬四女寺閘口挑挖南支河直隸水
利局督辦熊秉三補助紅糧以工代賑
八年城北程何二莊運河決口
設立第三高等小學於土橋鎮
先儒顏元李塨從祀孔廟
九年夏大旱

免錢糧設災民救急會
直皖戰爭直系旅長商德全退皖系師長馬良進過縣境聞奉
軍到津遂退保山東
省議會改選杜惟儉張宗唐當選爲議員
十年設第四高等小學於孝賢店
十一年耶穌教堂請華洋義賑會運紅糧救濟貧民
十二年設自治講習所
改組自治籌備處
設私立高等小學於河西八里屯
十三年奉軍由山海關入天津大軍南下過縣境所有給養由
縣預備

十四年設魯臨道尹以縣長林介鈺升任

設軍事代辦處支應駐軍

冬十月國民二軍與魯軍戰於縣境商民損失甚鉅

兵工廠停閉機器移濟南

十五年設十縣聯合代辦處由直東兩省公同組織直省爲故城景縣吳橋寧津本省爲臨淸夏津武城恩縣臨邑德縣

冬十月劉辦紅槍會

十六年歲歉紅卍字會與奉吉黑熱四省慈善聯合會接洽撥給紅糧二千餘石分散各區賑濟貧民

十七年革命軍北伐過境

是年改城隍廟爲中山市場改永慶寺爲公園

設法院於三元宮
中央政府移南京
裁撤城守尉
十八年縣黨部成立
省立第十二中學設於公園即永慶寺
財政處改爲財務局實業局改爲建設局
十九年設民衆教育館
二十年設九區區長
改組民團成立聯莊會
設鄉鎮長訓練所
立文獻委員會

二十一年整理貧民工廠及各粥廠

組織賑務委員會

二十二年籌儲倉穀

建設公園

成立進德分會

是年奉令疏馬滑頰河工程浩大按照全縣丁銀攤派僱夫縣長李樹德奉上協下極費經營始蕆厥事

縣長李樹德重修縣志

二十三年修運河縣長李樹德與津浦鐵路商准免費運石塊一千五百餘方所省不貲

以八月二十七日爲孔子聖誕令全國致祭

冬十二月裁九區區長

二十四年改編鄉鎮

豫省董莊黄河决口魯西被水災民通令各縣設所收容以資救濟運送來德者約六七千人

【光緒】德平縣志

（清）凌錫祺修　（清）李敬熙纂

民國二十五年（1936）鉛印本

德平縣志卷之十

祥異志

易言餘慶餘殃書誌庶徵休咎春秋星隕日食石言神降諸事造化徵機蒼穹示兆昭昭不爽自古有之子不語怪謂讖緯術數如曲學之拘牽也畏天之威于時保之司土者詎可忽諸茲所載大端與鄰境同而特詳本邑其奇聞異見瑣事微言以及仙釋方伎有先見者例得附記博物君子不廢也作祥異志

災祥

晉

咸甯五年白麟見於平原鬲縣 晉書

劉宋

元嘉二年秋篤馬河決漂沒田廬 碑記

大明四年六月乙卯白燕見於平原平昌縣刺史劉道隆以獻 宋書

唐

天寶二年德州平昌大水 濟郡災異記

元

大德元年大水

六年蝗

至正六年二月地震壞民居室凡震七日而止

濟南城內芙蓉街路西

七年地震有聲如雷

十八年毛貴兵掠縣境五月地震

十九年旱蝗大饑餓莩盈野

二十年大疫民死十之六村堡爲墟

明

洪武二十二年旱無禾

二十六年懷仁鄉麥雙岐

永樂七年夏蝗

八年芝生學宮

宣德二年秋霖雨害稼

正統十年三月大風拔木

景泰元年大歉

七年大水

天順元年大水饑人相食

成化九年大雨踰月平地水深數尺沈竈產蛙是年先蝗後水民茹草木

十年大有斗麥錢七文

二十年三月地震

宏治五年民流移就食

七年大有斗粟錢十文

濟南城內芙蓉街路西

十一年八月城壕水潮溢經旬乃止

正德二年秋雨雹尺餘冬大雪丈餘

四年螟歲饑

五年夏大旱冬雨雹大如拳

七年三月黑眚見

十年桃李冬花復結實

十一年春夏不雨

十二年秋霖害稼

嘉靖六年蝗

七年螟蝗大饑

二十二年篤馬河決平地水深數尺行舟

二十七年蝗蝻生

隆慶五年五月十二日雨雹尺餘麥禾傷林木損鳥鵲死者無算

萬歷十九年蝗

二十年大水

二十七年旱蝗無禾麥道殣相望

二十九年旱

三十年大旱麥苗枯死

三十二年大水

三十三年蝗

濟南城內芙蓉街路西

三十四年蝗

三十七年正月龍泉寺前積水湧溢冰浮水面逾時水落而冰不解

三十八年大水入城城幾崩

四十三年大旱

四十四年大饑人相食發帑金三十萬倉米二十萬賑之

天啓二年正月二十一日地震

三年三月大風揚沙晝晦

四年二月三十日地震

崇禎十年十二月日赤如血照地成紫色

十一年二月城西丁家莊雨赤雪日出化爲血水十二月兵亂殺掠四野一空

十三年大旱人食草木至有骨肉相食者

十六年除夕疾雷暴雨

十七年正月元旦紅霞滿天

國朝

順治九年大水

康熙三年四月隕霜殺麥

四年夏旱蠲糧銀發德州倉米一千五百三十九石賑之

六年桃李冬華

七年六月十七日地震

九年旱發臨清倉米二百六十石常平穀二百六十餘石賑之

十八年螟七月二十八日地震

二十五年旱蝗

三十年旱蝗

三十一年有麥雙岐穀三穗以上鍾志

三十二年大疫秋八月蝗

三十三年四月大雨雹烈風拔木

四十二年大水賑饑

四十三年春大疫五月十八日黑風拔木飄屋瓦

四十七年蝗大饑

五十八年大水給賑

五十九年六月初八日地震秋大旱

六十一年秋大旱蝗

雍正元年春旱四月初七日黑風揚沙晝晦至五月始雨發帑金

賑之

三年春旱無麥六月大水無秋

四年五月十六日雨雹大風拔木秋大水

五年春旱至六月始雨

濟南城內芙蓉街路西

六年秋水傷稼

八年秋大水八月十九日地震十月給賑

九年四月望後日月色赤凡七晝夜

十年八月十五日隕霜

十一年螟害稼

乾隆二年春旱至六月十三日大雨十七日又大雨秋大水發倉穀賑饑

八年大旱給賑

九年大旱賑饑 以上十九條據檄上咨開補入

十二年大水賑饑

十四年八月桃李華

二十一年大水賑饑

二十三年蝗

二十七年大水賑饑

三十一年大雨河決田家堰賑饑

三十五年蝗不爲災有秋

三十六年大水賑饑

三十八年雨一犂有麥有秋

四十年大有秋

四十一年蝗有秋

濟南城內芙蓉街路西

四十四年六月水

四十九年大有秋

五十一年大荒邑較有收饑民多來就食者

五十四年八月霪雨有秋

五十五年秋雨上流河決橫水自臨邑入於南高津河水注於北遂大澇發帑金二萬七千二百餘兩撥章邱及本邑截留漕米七千九百餘石賑之

五十八年五月始雨有蝗尚不爲災

五十九年三月初四日疾風蕩塵蒙蔽天日半日乃止十二月二十三日大雪數日平地尺 以上舊志

嘉慶九年有秋

二十四年十二月大雪深數尺

道光元年大疫秋大水

二年秋大水

四年蝝

八年大水

十二年旱七月初一日隕霜傷稼

二十年六月大水

二十四年旱

二十五年旱六月乃雨

濟南城內芙蓉街路西

二十七年大水

二十八年八月十五日大雨雹

三十年大水

咸豐元年大水

二年正月二十四日黃霧四塞晝晦

四年秋大水狂風釁穀

五年三月雨雹傷麥

七年螟有秋

八年蝗蝻

同治元年大疫

二年九月初二日流賊竄至城西賈家莊民多被掠

四年正月十三日雷電大雨雪

七年四月捻逆入境至七月平

九年五月十七日風雹七月雨七日

光緒二年旱秋七月蝗傷禾稼

三年春旱至閏五月始雨

五年三月日照地成赤色十餘日乃止四月十二日水哮溢

淮是年秋大水

七年秋大水

八年秋大水

濟南城內芙蓉街路西

十二年蝗
十三年涵洞水溢
十四年五月初四日地震初五日復震
十六年高津河溢六月二十二日田家堰潰决數丈被災者
百有餘村
十七年螟傷秋稼
十八年蝗蝻有秋

呂學元修　嚴綏之纂

【民國】德平縣續志

民國二十五年（1936）鉛印本

大事記

邑乘多列災祥一志似屬通例考之麟經書災不書祥志則災祥並紀一以示警一以徵實大抵所紀載者天時居多人事較少民國以來破除舊說若談災祥近於迷信但天時之變動人事之遷移關係國家地方者頗重概置不論歷史上恐無以傳信在昔大事有表昉於史記凡事關係重要不成片段者列諸表中檢查自易年經事緯舉要刪繁本志亦仿此意易表爲記舉數十年來之非常事變錄其所知以供參考焉作大事記

清光緒十九年邑令凌錫祺續修縣志

光緒二十四年正月朔日食

天成齋記南紙店代印

科歲考試廢八股詩賦改試策論經義

光緒二十六年夏五月拳匪肇亂聯軍犯京津山東戒嚴

光緒二十七年秋七月拳匪肅清

停武科考試

光緒二十八年夏五月大疫

補行庚子辛丑鄉試

光緒二十九年秋八月舉行正科鄉試

假白麟書院舊址設高等小學堂

光緒三十年奉令裁撤綠營改練巡警

光緒三十一年奉令停科舉及生童科歲考試

裁教諭缺

光緒三十二年始設勸學員分路勸導改良教法授科學

光緒三十三年裁訓導缺

成立縣農會

光緒三十四年元旦大霧

裁撤督糧道衙門

宣統元年舉行拔貢優貢考試

宣統二年三月晚霜麥苗凍死復生有秋

冬月發現鼠疫

宣統三年元旦大霧雪深數尺

天成齋記南紙店代印

奉令成立縣議參兩會

秋八月十九日革命軍起於武昌

冬十二月二十五日清帝退位改建共和

中華民國元年廢除夏曆改用陽曆

成立省議會

下剪髮令

城汎典史缺均裁

民國二年縣議參兩會奉令取銷

民國三年歲大有

民國四年匪始猖獗搶案多出

濟南城內芙蓉街路西

民國五年袁氏改元洪憲旋即撤廢

秋馬頰河下游產青蝻如蟻聚蜂湧沿岸田禾被蝕成災

民國六年清室復辟失敗

夏大水田禾減收

民國七年九月瘟疫流行

民國八年秋儒林寺一帶飛蝗降落禾稼被食

民國九年大旱歲飢饉

始發生架票勒贖案

民國十年股匪四起地方發見紅槍會

民國十一年五月雨雹災重歲大歉

天成號記南紙店代印

股匪擾朱家坊縣長樊祖燮會同第七旅擊散之

民國十二年春孫家屯一帶批現蝗蝻甚夥數日間西南風

作頓消滅大有秋

發生焚案屠村案

民國十三年直奉交戰本縣供應頗繁

民國十四年冬國奉交戰奉軍入縣境村莊多被搶掠

民國十五年冬季大雨雪深數尺交通斷絕

民國十六年旱蝗爲災

股匪盤據梅莊縣長張積勛會同防軍擊散之

全縣出夫修築外郭

濟南城內芙蓉街路西

麋鎭附近村莊成立保衛團奮勇禦匪得免禍患爲救濟

陡口王家及援助戚家橐會丁陣亡多人

民國十七年蝗蝻秋未成災

國民革命軍北伐成功

廢除祀孔典禮

成立縣法院

冬土匪假冒軍隊進城縣長李世祿相機應付尚未大擾

民國十八年劃全縣爲五區籌備自治

推廣義務教育就設學村莊平均籌欵

民國十九年夏大水低田淹沒

冬十一月成立區公所推行自治

民國二十年九月十八日東北事變地方經濟頓受影響縣境土匪充斥聯莊會會長曹克泰督率隊長楊茂政等剿捕屢次奏捷

建設局創設縣有長途電話並修省道鎮道

民國二十一年奉令取銷縣法院改院長爲承審員併入縣政府

民國二十二年春疏濬馬頰河

民團第二路趙指揮仁泉駐節魯北剿滅縣境股匪地方逐漸安謐

奉令改財政建設教育三局爲縣政府三四五科

民國二十三年大雨田禾減收

八月奉令舉行孔子誕辰紀念會

十一月裁撤區長取銷區公所

民國二十四年六月裁撤民團大隊部改練聯莊會員

七月鄄城董莊黃河決口被淹者十餘縣災情極重木縣

奉令收容災民二千六百餘名

十月奉令取銷縣農會

開辦短期小學三十七處

十一月奉令定中央中國交通三銀行紙幣爲法幣禁用

天成號記南紙店代印

銀幣

十二月歸併原有鄉鎮爲每區九鄉一鎮

濟南城內芙蓉街路西